BusinessVillage

Heiko Zieroth

Erlebnisorientiert FÜHREN

Mit dem Frame-Impuls-Prinzip Limits überschreiten und Wirkung entfalten

BusinessVillage

Heiko Zieroth
Erlebnisorientiert führen
Mit dem Frame-Impuls-Prinzip Limits überschreiten und Wirkung entfalten
1. Auflage 2022

Bestellnummern
ISBN 978-3-86980-657-0 (Druckausgabe)
ISBN 978-3-86980-658-7 (E-Book, PDF)
ISBN 978-3-86980-659-4 (E-Book, EPUB)

Direktbezug unter www.businessvillage.de/bl/1150

Bezugs- und Verlagsanschrift
BusinessVillage GmbH
Reinhäuser Landstraße 22
37083 Göttingen
Telefon: +49 (0)5 51 20 99-1 00
Fax: +49 (0)5 51 20 99-1 05
E-Mail: info@businessvillage.de
Web: www.businessvillage.de

Überarbeitung des Textes
Anna Ertel, Göttingen

Layout und Satz
Sabine Kempke

Karteikarte (Seite 196–201)
annasphotography, https://pixabay.com/de

Druck und Bindung
www.booksfactory.de

Inhalt

Über den Autor ... 7

1. Statt einer Einleitung: Wie ich die Macht der unsichtbaren Beziehungsleine für mich entdeckte ... 9

2. Eine Frage der Neugierde: Verstehen, wie Menschen, Teams und Unternehmen funktionieren ... 15

Konzept der psychologischen Sicherheit ... 18
Vertrauensaufbau ... 20
Ertüchtigung und Befähigung ... 21
Wie Motivation entsteht ... 24
Sehnsucht nach Aufmerksamkeit, Annahme und Anerkennung ... 27
Was Teams kennzeichnet und wie sich Menschen in Teams verhalten ... 33
Wie Unternehmens- und Teamkulturen sich formen ... 37
Letztendlich entscheiden immer die Werte ... 39

3. Deine Haltungen als Kompass des Handelns ... 43

Ein positives Menschenbild: Warum es dir hilft, Menschen zu mögen ... 46
Vorurteilsfreiheit: Warum dein Hirn dich austrickst ... 49
Lösungsorientierung: Jede Lösungsfindung ist schwer ... 51
Energie schlägt Lethargie ... 54
Interesse als schönstes Geschenk ... 57
Exkurs: Haltungen beeinflussen ist wirklich schwer ... 60

4. Denkmodell für jeden Tag: Das Frame-Impuls-Prinzip ... 67

Wie baust du einen guten Rahmen für dein Wirken auf? ... 71
Der Rahmen und seine Konsequenzen ... 74
Ein Leben ohne Rahmen ist möglich, aber sinnlos ... 80
Eins plus mit Sternchen: Der perfekte Rahmen ... 86
Die Vereinbarung als Kirsche auf der Sahnetorte ... 91
Der Rahmen und seine Synonyme ... 98
In die Karten schauen ... 100
Ein Konzept kann eine Brücke sein ... 105
Gutes Timing, schlechtes Timing ... 109
Von Spiegeln und Gespenstern ... 113
Neue Rahmen kehren gut ... 116

5. Das Gehirn ist süchtig nach Erlebnissen: Wahrnehmungsgesetze nutzen ... 121
Erlebnisorientierung: Sei lieber außergewöhnlich ... 126
Der Merkfaktor gibt den Lernfaktor vor ... 131
Spuren hinterlassen zahlt sich aus ... 133
Lass die Sinne tanzen ... 138
Die Überraschung und ihre Magie ... 145

6. Impulse statt Ziele: Das Führen im Rahmen ... 149
Tool 1: Antworten ist Silber, Fragen stellen ist Gold ... 154
Tool 2: Gut gespiegelt ist halb gewonnen ... 163
Tool 3: Der Blick von oben ... 169
Tool 4: Reize und ihr besonderer Reiz ... 172
Tool 5: Klaviatur der Darstellung ... 175
Tool 6: Der Elefant will auf den Tisch ... 179
Tool 7: Wachrütteln ... 183
Tool 8: Aufwecken mit Ansage ... 186
Tool 9: Menschen, Rituale, Sensationen ... 189
Tool 10: Sparring ohne Grenzen ... 192
Die wichtigsten Impulsmethoden im Überblick ... 196

7. Vom Innen zum Außen: Starkes Ich für starke Wirkung ... 203
In der Stabilität liegt die Kraft ... 210
Eine Reise, die niemals endet ... 215
Die Grenze bestimmt das Geschehen ... 219
Kontinuierliche Verbesserung: Ein Blick zurück, ein Blick nach vorne ... 224
Flieg nicht so hoch, mein kleiner Freund ... 227
Ein Hoch auf die Zusammenfassung ... 233

8. Warme Worte zum Abschluss ... 239

Literaturverzeichnis und verwendete Quellen ... 245

Über den Autor

Heiko Zieroth ist ein erfahrener Speaker, Trainer, Coach und Mentor. In den über fünfundzwanzig Jahren seiner beruflichen Karriere hat er viele Höhen und Tiefen durchlebt und daraus stets ganz persönliche Lernerfolge kreiert. In seinen Veranstaltungen teilt er seine Erfahrungen auf ebenso anschauliche wie mitreißende Art und Weise mit den Teilnehmenden.

Als professioneller Speaker, ausgezeichneter Trainer, zertifizierter Business-Coach und langjähriger Mentor lädt Zieroth seine Auditorien und Klienten konsequent zum produktiven Reflektieren ein. Dabei helfen dem Familienmenschen und leidenschaftlichen Patenonkel seine hohe Präsenz sowie eine ausgeprägte positiv-ansteckende Energie.

Kontakt

E-Mail: zieroth@superheldenreise.de
Web: www.heikozieroth.com

Genderhinweis

Die überwiegende Ansprache meiner Leserinnen und Leser erfolgt in diesem Buch in der Du-Form. Wenn ich mich auf Dritte beziehe und dafür die männliche Form (zum Beispiel »der Mitarbeiter«) verwende, sind stets alle Geschlechter beziehungsweise Geschlechtsidentitäten gemeint. Ich lebe und liebe Vielfalt – für mich ein klares Zeichen des Respekts gegenüber jeder Lebensform und jeder geschlechtlichen Zugehörigkeit.

1.

Statt einer Einleitung: Wie ich die Macht der unsichtbaren Beziehungsleine für mich entdeckte

Zu Beginn meiner beruflichen Karriere als junger Auszubildender fiel es mir extrem schwer, mich Menschen und Gruppen zu nähern. Auch in den folgenden Jahren sollte sich dieser Zustand nicht wesentlich ändern. Ich fühlte mich einfach unbehaglich und solche Situationen bedeuteten puren Stress für mich. Mein Adrenalinspiegel stieg an, denn ich wusste nicht, was oder wer mich erwartete. Mir war nicht klar, was die anderen sagen und von mir denken würden. Menschen, die mich heute kennen, werden vermutlich sagen: »Was – der und unsicher? Niemals.«

Doch in mir war immer ein großer Zweifel, ob es mir gelingen würde, die Menschen für mich und das jeweilige Thema zu gewinnen. Würde ich tatsächlich ihre Herzen erobern und einfach tun können, wofür ich eben auf der Welt bin: andere über sich selbst hinauswachsen zu lassen?

Als Leser fragst du dich vielleicht, wie das zusammenpassen soll: tief sitzende innere Zweifel einerseits und sichtbarer äußerer Erfolg andererseits? Nun, ich tat in dieser Situation eine Sache, die ich glücklicherweise schon früh gelernt hatte und die immer meine erste Antwort war, wenn mir etwas schwerfiel oder wenn ich unsicher war: Ich legte mich ins Zeug. Ich meine damit, dass ich mich in solchen Situationen wirklich mit ganzer Kraft anstrengte. Das bedeutete für mich, dass ich trotz oder gerade wegen meiner Angst mit höchstem Energieeinsatz auf fremde Menschen oder eine neue Gruppe zuging. Denn einen Leitsatz hatte ich, vermutlich aus dem Sport kommend, fest verinnerlicht: »Mit halbem Einsatz gewinnst du nicht.« Im Umkehrschluss war voller Einsatz aus meiner Sicht der beste Weg, eine Niederlage abzuwenden oder wenigstens abzuschwächen. Dieses Verhaltensmuster hat, das gebe ich gerne zu, einen großen Nachteil: Es kostet überdurchschnittlich viel Kraft und Lebensenergie.

Zu Beginn meiner Trainertätigkeit beobachtete ich aber noch zwei weitere Phänomene: Die Gruppen, mit denen ich als Coach oder Trainer arbeitete, fühlten sich ganz offensichtlich wohl mit mir. Sie schienen die Energie zu spüren, die ich aufwandte. Am Ende eines jeden Trainings oder Coachings war ich allerdings komplett zerstört. Ich hatte keine Energie mehr und fühlte mich leer. Leer nicht im Sinne einer Depression – ich war einfach müde, ausgelaugt und erschöpft. War es das wert? Gab es nicht auch andere Möglichkeiten, meine Auditorien zu erreichen, andere Methoden, die weniger Energie benötigten? Je länger ich darüber nachdachte und reflektierte, umso mehr fiel mir auf, dass sich bestimmte Situationen und Ereignisse bei meiner Arbeit wiederholten und stets ganz ähnlich abliefen. Für mich war diese Erkenntnis eine großartige Chance, denn nun begann ich darüber nachzudenken, wie ich ebendiese Situationen und Ereignisse in Zukunft systematischer – und damit ressourcenschonender – gestalten könnte. Und zwar ohne mein hohes Maß an Individualität zu verlieren, welches die Teilnehmerinnen und Teilnehmer so sehr an mir schätzten. Im Gegenteil: Ich konnte mich auf diese Weise noch mehr auf die Besonderheiten der Menschen, mit denen ich zu tun hatte, konzentrieren. Ich hatte nun ein festes Set an Situationen und Abläufen, die immer wieder zum Einsatz kamen. Genau darauf wollte ich aufbauen und mir meine Erkenntnisse systematisch zunutze machen. Damit kommen wir zu einer zweiten Maxime, die mein Handeln bis heute kennzeichnet: Sobald ich Chancen erkenne, werfe ich mich mit großer Begeisterung auf die Nutzung derselben. Das ist neben dem sehr hohen Einsatz ein Wirkungsprinzip, das sich für mich sehr bewährt hat. Also steckte ich viel Energie in die Beobachtung und Analyse dessen, was ich bei meiner Arbeit täglich erfuhr.

Was aber war es, das ich in der Zusammenarbeit mit anderen Menschen in ganz unterschiedlichen Konstellationen immer wieder erlebte? Ganz unabhängig davon, mit welchen Menschen oder Gruppen und in welchen beruflichen Kontexten ich unterwegs war? Ich spürte, dass der Aufbau von guten, belastbaren Beziehungen ein äußerst relevanter Wirkungsfaktor für die erfolgreiche

Zusammenarbeit ist. Ich meine damit keine Beziehungen im herkömmlichen Sinne, wie wir sie im privaten Bereich über viele Jahre aufbauen und pflegen, sondern schnelle und intensive Beziehungen im beruflichen Kontext. Als Trainer benötige ich für meine Arbeit funktionierende Beziehungen für die relativ kurze Dauer einer gemeinsamen Veranstaltung oder einer zeitlich begrenzten Zusammenarbeit. Ebenso für eine (geschäftliche) Kooperation in einem bestimmten zeitlichen Abschnitt. Und auch als Führungskraft baue ich eine Beziehung zu meinen Mitarbeitern und ein Beziehungsgefüge innerhalb des Teams auf. Ich merkte, dass eine schnell aufgebaute gute Beziehung dabei nicht nur für mein Gegenüber, sondern vor allem für mich selbst wichtig und wirksam ist. Nur in einer stabilen Beziehungsumgebung kann ich meinem Gegenüber das Gefühl von Verbundenheit und Vertrauen geben, das für eine konstruktive Zusammenarbeit so wichtig ist.

Wie ich später erst klarer erkannte, handelt es sich jedoch längst nicht nur um ein Gefühl von Verbundenheit und Vertrauen. Menschen, mit denen ich in beruflichen Kontexten zusammenarbeite, vertrauen mir wirklich und fühlen sich auf eine angenehme Weise mit mir verbunden. Diese Verbundenheit ist stets aufrichtig und läuft nicht Gefahr, zum Schaden des anderen ausgenutzt zu werden. Sie erlaubt vielmehr, auf einem höheren Niveau miteinander zu kooperieren.

Mir wurde im Laufe der Jahre auf diese Weise bewusst, dass ich in der Lage bin, mich mit anderen Menschen mittels unsichtbarer Beziehungsleinen zu verbinden. Ich nenne diese Beziehungsleinen unsichtbar, weil sie eben nicht im materiellen Sinne existieren oder auf expliziten Vereinbarungen beruhen. Sie sind dennoch vorhanden und werden meiner Erfahrung nach gut angenommen. Menschen lassen sich darauf ein, ohne sich eingeengt oder gar gegen ihren Willen an die Leine gelegt zu fühlen. Eher das Gegenteil ist der Fall: Die unsichtbare Beziehungsleine tut allen Beteiligten gut, weil sie Sicherheit gibt. Sie ist lang genug, um sich frei bewegen zu können. Dennoch sorgt sie dafür, dass sich niemand zu weit von den anderen entfernt, ausbricht oder gar verloren geht. Die unsichtbare Beziehungsleine steht für eine besondere Art von Verbindung, die wir aufbauen und die uns einander im jeweiligen (beruflichen) Kontext nah sein lässt.

Dadurch stellt sich ein gutes Gefühl ein und die Gestaltung der gemeinsamen Zeit fällt erheblich leichter. Die unsichtbare Verbindung ist immer da, muss jedoch nicht ständig in Anspruch genommen werden. Sie ist vielmehr ein optionales Konstrukt und erfüllt ihren wesentlichen Zweck vor allem in extremeren Situationen. Eben dann, wenn der Mensch oder ein System an seine Grenzen kommt. Wenn es darauf ankommt, dass sich andere auf mich verlassen können. Im Verlauf meiner langjährigen Beschäftigung mit dem Thema Persönlichkeitsentwicklung habe ich immer mehr gelernt, die unsichtbaren Beziehungsleinen im positiven Sinne zu strapazieren: Wo echtes Vertrauen herrscht, sind Menschen viel eher bereit, sich auf etwas Neues einzulassen oder auch mal ein Risiko einzugehen. Weil sie spüren, dass sie stets aufgefangen werden. Auf dieser Basis können in der Folge ungeahnte Erkenntnisse, Aha-Momente oder Lernerfolge entstehen. Das wiederum hilft mir, meiner zentralen Aufgabe als Coach und Mentor – andere Menschen über sich hinauswachsen zu lassen – viel effizienter nachzukommen. Wenn du selbst also ambitionierte Führungskraft, Teamleiter, Bereichsleiter oder einfach ein Mensch mit Personalverantwortung bist, kann dir dieses Konzept helfen, deine gewünschten Resultate effizienter, angenehmer und verlässlicher zu erreichen.

Das Bild der unsichtbaren Beziehungsleine beschreibt letztlich meine grundsätzliche Herangehensweise und mein humanistisch geprägtes Menschenbild: Es geht mir in meiner Arbeit um ein positives Miteinander mit dem Ziel, sich und die anderen weiterzuentwickeln. Ein solches Miteinander erfordert Geduld und die Bereitschaft, sich wirklich auf das Gegenüber einzulassen. Dann knüpfst du die Beziehungsleine, die ich meine. Und die Investition lohnt sich: aktives Zuhören und echtes Interesse sind ein überaus wirkungsvolles Instrument, wenn es dir darum geht, dich und dein Gegenüber voranzubringen und am Ende des Tages herausragende Resultate zu erzielen. Du profitierst also davon, dass sich dir Menschen vertrauensvoll anschließen und dir nachfolgen wollen. So beginnt eine gemeinsame Reise, die ich gerne Superheldenreise nenne und die zu ungeahnten Ergebnissen und Leistungen führen kann. Basis hierfür ist ein stabil angelegtes Beziehungskonstrukt, das sich jederzeit ausbauen und flexibel anpassen lässt – die unsichtbare Beziehungsleine eben.

2.

Eine Frage der Neugierde: Verstehen, wie Menschen, Teams und Unternehmen funktionieren

Ich bin ein Mensch, der Dinge gerne versteht. Seit meiner Kindheit gehe ich Dingen gerne auf den Grund. Ich habe mich nie damit zufriedengegeben, etwas zwar erlebt zu haben, aber nicht zu verstehen, was dahintersteckt. Zu sehr interessieren mich Zusammenhänge und Herleitungen. Das gilt einerseits für die zwischenmenschliche Kommunikation, andererseits ganz besonders für das, was man gemeinhin psychologische Phänomene nennt. Ich möchte Phänomene wie Reiz und Resonanz nicht nur kennen und erleben, sondern auch einen Blick auf die dahinterstehenden psychologischen Mechanismen werfen.

Es interessiert und begeistert mich ungemein, zu durchleuchten, wie Menschen ticken und wie sich bestimmte Dynamiken oder Entwicklungen aufbauen. Bestimmte psychologische Grundprinzipien, die seit Langem bekannt und mittlerweile gut beschrieben sind, bestimmen heute das Handeln in wirtschaftlichen Systemen. Oft sind sie unausgesprochen am Werk, teilweise werden sie aber auch offen eingesetzt. Mich fasziniert dabei, welche Prinzipien in welchen Zusammenhängen eingesetzt werden und welche Wirkung sie jeweils erzielen. Dahinter steht wiederum mein Wunsch, anderen bei der Weiterentwicklung zu helfen: Wenn ich verstehe, wie andere ticken, kann ich das nutzen und ihnen zu besseren Ergebnissen verhelfen!

Vielleicht ist diese Neugierde, verbunden mit einer großen Begeisterungsfähigkeit und Freude, der dritte große Erfolgsfaktor für meine Arbeit neben dem erwähnten hohen Einsatz und der unbedingten Bereitschaft, Chancen zu nutzen. Ich kann einfach nicht anders: Ich will Dinge im zwischenmenschlichen Miteinander nicht nur geschehen lassen, sondern immer auch ihre Entstehung erforschen. Aber keine Angst: Ich bin durchaus in der Lage, Situationen und Ereignisse in vollem Umfang zu genießen.

Einen Einwand möchte ich an dieser Stelle gleich ausräumen. Wenn von psychologischen Wirkungsmechanismen die Rede ist, fällt früher oder später das Stichwort Manipulation. Häufig diskutiere ich beispielsweise mit Führungskräften darüber, ob beziehungsweise wann es sich bei bestimmten Verhaltensweisen um eine Manipulation handelt. Meine Antwort darauf ist immer die gleiche: Alles, was wir miteinander tun, ist gewissermaßen Manipulation. Entweder uns selbst oder Dritten gegenüber. Die entscheidende Frage ist vielmehr, mit welchem Gefühl und welchem Wert wir den Begriff »Manipulation« belegen. Manipulation kann etwas Positives oder etwas Negatives sein. Für mich ist der Begriff »Manipulation« durchweg positiv besetzt. Wenn ich von Manipulation spreche, geht es mir zu jeder Zeit darum, dass wir damit etwas Positives bewirken können. So verstanden, ist es also nie das Ziel einer Manipulation, anderen zu schaden oder sie womöglich zu brechen. Ein unerträglicher Gedanke für mich sind Veranstaltungen, die nur darauf ausgelegt sind, Menschen in ihrer Willenskraft oder Persönlichkeit zu zerstören, um sie dann vermeintlich wieder aufzubauen. Derartige Ansätze entstammen meist dem Geist von Militärschulen und propagieren Drill, Gehorsam und Ordnung um ihrer selbst willen. Sie mögen in bestimmten Kontexten funktionieren, meine Sache sind sie nicht.

Mein Ansatz ist, wie eingangs beschrieben, eher als humanistisch oder menschenorientiert einzuordnen. Den Menschen geschieht etwas Gutes und auf Basis ihres vorhandenen Potenzials lassen sich Verbesserungen erreichen. Der Mensch und seine Persönlichkeit stehen im Mittelpunkt. In diesem Sinne eingesetzt, nutze ich Manipulationen gerne. Sie sind dann positiv, wenn sie Menschen helfen, stärker zu werden.

Hinter jeder möglichen Manipulation stecken also der Geist bestimmter Prinzipien und gezielte Wirkungsmechanismen. In zwanzig Jahren entwicklungsorientierter Arbeit mit Führungskräften, Teams und Mitarbeitenden habe ich mir ein Grundgerüst an hoch wirkungsvollen Methoden angeeignet. Die erfolgreichsten Methoden habe ich ständig optimiert und daraus das wesentliche Wirkungsprinzip dieses Buchs entwickelt: das Frame-Impuls-Prinzip, bei dem es darum geht, zuallererst einen stabilen, funktionsfähigen Rahmen (Frame) für das Miteinander zu definieren. Innerhalb eines solchen Rahmens können dann jene Impulse gesetzt werden, die in der Lage sind, den anderen über sich hinauswachsen zu lassen. Das gelingt, wenn damit ein starkes (positives) Erlebnis verknüpft wird. In diesem Sinne spreche ich von erlebnisorientierter Führung.

Bevor wir uns jedoch eingehender mit dem Thema Rahmensetzung und anschließend mit dem erfolgreichen Setzen von erlebnisorientierten Impulsen befassen, schauen wir uns zunächst noch ein paar wichtige psychologische Grundmechanismen an, die für deine Führungsarbeit relevant sind.

Konzept der psychologischen Sicherheit

Jeder Mensch fühlt sich dann am wohlsten, wenn er keine Angst hat. So stellte bereits die amerikanische Wissenschaftlerin und Buchautorin Amy C. Edmondson sinngemäß fest, dass psychologische Sicherheit dann gewährleistet ist, wenn Menschen sich offen äußern können. Ohne dass sie Gefahr laufen, danach beschämt, abgewiesen oder sanktioniert zu werden. Mein Eindruck ist, dass sehr viele Führungskräfte durch ihr Verhalten dazu beitragen, dass Menschen sich eben nicht völlig offen und frei äußern können. Der Mitarbeitende fühlt sich häufig abhängig und unterschwellig in seiner (wirtschaftlichen) Existenz bedroht. Weil das Konzept der psychologischen Sicherheit nicht genutzt wird.

Stell dir vor, du hättest dich in der Zeit deiner Kindheit oder deines Heranwachsens nicht zu jeder Zeit sicher gefühlt. Welche Auswirkungen hätte das für deine persönliche Entwicklung gehabt? Falls du zu denjenigen gehörst, die sich nicht sicher fühlen durften, gebührt dir umso mehr Respekt. Du hast es offensichtlich geschafft, diese sicher schwierige Zeit zu überstehen und dich trotzdem zu einer starken Persönlichkeit zu entwickeln.

Ein sicheres oder sich zumindest sicher anfühlendes Umfeld hilft uns dabei, uns weiterzuentwickeln. Wir lernen darin, dass Fehler gemacht werden dürfen und dass es viel entscheidender ist, aus ihnen zu lernen, als sie um jeden Preis zu vermeiden. Psychologische Sicherheit bewirkt in meiner Wahrnehmung eins: Du denkst nicht ständig über mögliche Gefahren oder Bedrohungen nach. Eine solche unterschwellige Angst hindert uns nämlich daran, frei und mutig zu sein und zu handeln. Wenn also Mitarbeiterinnen und Mitarbeiter ständig das Gefühl haben, mit negativen Konsequenzen rechnen zu müssen oder gar ihre Anstellung zu verlieren, sind sie gehemmt. Menschen neigen in solchen Fällen dazu, sich mitunter eigenwillige Strategien für ihr existenzielles und wirtschaftliches Überleben anzueignen. Im Rahmen solcher Strategien erlebst du als Führungskraft die Mitarbeiterinnen und Mitarbeiter zwar als leistungsbereit, du spürst jedoch auch, dass gewisse Potenziale nicht ausgeschöpft werden. Genau um diese Potenziale geht es: Sie machen die wenigen Prozentpunkte aus, die zur höchsten Leistungsbereitschaft und damit Leistungserbringung verhelfen. Ohne Zwang und Druck, einfach mittels der zur Verfügung stehenden Ressourcen, die ein Mitarbeiter ohnehin in sich trägt und die du als exzellente Führungskraft zu aktivieren in der Lage bist.

Psychologische Sicherheit ist also ein Zustand, in welchem Mitarbeiter in der Lage und dazu bereit sind, die sogenannte Extrameile zu gehen und – natürlich im gesunden Maß – Höchstleistungen zu erbringen.

Vertrauensaufbau

Wir tun als Führungskräfte gut daran, wenn wir gemäß dem Konzept der psychologischen Sicherheit bedingungsloses Vertrauen unter den Mitarbeitenden und zwischen uns und den Mitarbeitenden aufbauen. Was zunächst nach einer reichlich abstrakten Aufgabe klingt, ist, auf einzelne Schritte heruntergebrochen, durchaus lösbar. Es ist hilfreich, sich zunächst das Gegenteil von Vertrauen bewusst zu machen, nämlich Misstrauen, und zu fragen, wann dieses entsteht. Misstrauen entsteht meiner Wahrnehmung nach dann, wenn eine Führungskraft unzuverlässig, unberechenbar oder willkürlich agiert. Dann, wenn vermeintlich unwichtige Versprechen nicht eingehalten oder getätigte Zusagen schlicht vergessen beziehungsweise verdrängt werden. In meiner langjährigen Arbeit als Mentor für Führungskräfte nahezu aller Hierarchieebenen beobachte ich immer wieder, dass es recht schnell und oft unbemerkt zu diesen Formen des Vertrauensmissbrauchs kommt. Hier liegt aber das größte Potenzial in Bezug auf echte Vertrauensbildung: Sei gerade auch bei kleineren Dingen verbindlich und halte deine in Aussicht gestellten Zusagen ein. Nicht selten handhaben Führungskräfte kleiner dimensionierte Versprechen leichtfertig bis fahrlässig. Doch auch zehn kleine gebrochene, vergessene oder verdrängte Zusagen zeigen Wirkung bei den Betroffenen. Sie hinterlassen in der Psyche mehr oder weniger tiefe Spuren – und wirken manchmal regelrecht traumatisierend. Solche Schäden lassen sich dann nicht mehr leicht und manchmal auch gar nicht mehr reparieren. Wenn du also wirkungsvoll Vertrauen aufbauen willst, tust du das, was du sagst, und sagst du das, was du tust. In dieser elementaren Formel stecken gleich zwei wichtige Dimensionen: Du stehst zu dem, was du zugesagt oder versprochen hast. Ohne jede Einschränkung. Und du stellst nur das in Aussicht, was du auch tatsächlich zu tun bereit bist.

Diese beiden Schritte hören sich leichter an, als sie tatsächlich sind. Ihnen voraus geht die ehrliche Reflexion, wie du als Führungskraft wahrgenommen werden willst. Du definierst für dich wichtige Verhaltensweisen, die du konstant, konsequent und vorbildlich lebst. In einfachen Worten ausgedrückt: Du hältst Wort. Du machst also keine Zusagen in Bereichen, die du womöglich gar nicht entscheiden oder beeinflussen kannst.

Deshalb liegt in dieser Formel eine fast magische Kraft. Du wirst in deinen Handlungen transparent und nachvollziehbar. Die Mitarbeiter wissen, woran sie bei dir sind, und können sich auf dich verlassen. Falls du dennoch einmal Zusagen getätigt hast, die du nicht einhalten kannst, kommunizierst du dieses offen und direkt. Dinge ändern sich nun einmal, und das ist auch gut so. Du lenkst aktiv die Erwartungen deiner Mitarbeiter und schaffst Vertrauen durch Transparenz. Ohne dass du das Gesicht verlierst oder Gefahr läufst, deinen guten Ruf zu verlieren. Der größte Fehler, den du als Führungskraft gegenüber deinem Team machen kannst, ist das Vorenthalten relevanter Informationen. Das gefährdet dein Vertrauensverhältnis und eure Beziehung im Team wird unnötigerweise auf die Probe gestellt.

Es ist also besonders wichtig, regelmäßig das eigene Führungsverhalten zu reflektieren. Das Verhalten, das du ausgewählt hast, solltest du ein- und durchhalten. Wir sind und bleiben erst durch unsere absolute Verlässlichkeit spürbar vertrauenswürdig. Vertrauen entsteht durch die Klarheit und Konsequenz deines Handelns und eben nicht durch zufällige Umstände.

Ertüchtigung und Befähigung

Fühlt sich ein Mitarbeiter von dir unterstützt, wird er mit größerer Wahrscheinlichkeit leistungsfähig und -bereit sein. Dein Auftrag als moderne Führungskraft ist, die Mitarbeiterinnen und Mitarbeiter stärker zu machen. Stefanie

Puckett, eine Spezialistin für agile Unternehmenskulturen, bezeichnet in ihrem Buch »Der Code agiler Organisationen« »Empowerment« als wichtige Führungsaufgabe. Vor etwa zehn Jahren wurde das Bild der coachenden Führungskraft geprägt und heute sehen sich viele Führende in diesem Sinne als gute und befähigte Führende der ihnen anvertrauten Mitarbeiterinnen und Mitarbeiter. Marc Löffler, ein Spezialist für Scrum und agiles Arbeiten, bezeichnet das aktive Coachen von Projektmitgliedern als zentrale Basisaufgabe des »guten Scrum Master«. Es überrascht mich also nicht, dass sich heute viele Führungskräfte selbst als gute Coaches wahrnehmen. Tatsächlich würde ich jeder Führungskraft empfehlen, eine Trainer- oder Coach-Ausbildung zu machen, um diesem Anspruch auch wirklich gerecht werden zu können.

Denn die Realität ist eher ernüchternd. Ein Kardinalsfehler, den in diesem Zusammenhang (zu) viele machen: Sie erledigen als Führende oder Top-Leader wichtige Dinge lieber selbst, weil sie denken, dass dann das beste oder zumindest ein besseres Ergebnis sichergestellt wird. Ein besseres Ergebnis jedenfalls, als wenn ein Mitarbeiter die Aufgabe übernimmt. Ein großer Fehler, wie sich immer wieder herausstellt: Mitarbeiter werden dadurch klein gehalten und können sich nicht weiterentwickeln. Es entsteht ein Gefühl von Minderwertigkeit im Vergleich zur leistungsstarken Führungskraft. Minderwertigkeitsgefühle führen zu einem gering ausgeprägten Selbstwertgefühl und damit zu weniger Selbstbewusstsein. In der täglichen Arbeit macht sich dieser Teufelskreis schließlich in gebremster Arbeitsleistung bemerkbar.

Die Führungskraft hat hier eine besondere Verantwortung. Die Mitarbeiter sind konsequent zu ertüchtigen und leistungsfähig zu machen. Das gelingt aber nur durch tatsächliche Aufgaben- und Verantwortungsübertragung. Den echten Unterschied macht jedoch erst die Reflexion in Bezug auf die übertragenen Aufgaben. Erst wenn du aktiv Potenziale identifizierst und deinen Mitarbeitern die Gelegenheit zur Weiterentwicklung gibst, werden überdurchschnittliche Leistungssteigerungen deiner Teams möglich. Zusätzlich macht sich echtes Ertüchtigen und Befähigen noch in anderer, höchst angenehmer Weise bemerkbar: in stark steigender Mitarbeiterzufriedenheit. Versteh dich deshalb als Personalentwickler und Möglichmacher. Was zunächst nach Aufgaben deiner Personalentwicklungsabteilung oder nach externen Maßnahmen klingt, ist streng genommen deine Hoheitsaufgabe. Soll diese Aufgabe gelingen, setzt sie etwas voraus, das unangenehm sein kann: Du musst Kapazitäten frei machen, um deine Mitarbeiter umfänglich zu fördern oder, anders ausgedrückt, um sie konstant und konsequent besser zu machen. Selbstverständlich geschieht diese Entwicklung nicht von heute auf morgen. Und sie setzt ein Höchstmaß an Freiwilligkeit und Zutrauen in deine Fähigkeiten seitens deiner Mitarbeiter voraus. Wenn du jedoch konsequent an der Vertrauensbildung und deinen eigenen Fähigkeiten arbeitest, wirst du sehr schnell und fast automatisch zu einer anerkannten Führungskraft. Dir wird dann zugetraut, dass du vollumfänglich in der Lage bist, deinen Mitarbeitern dabei zu helfen, besser zu sein. Stell dir das wie eine Investition vor. Dein sogenanntes Humankapital (= deine Mitarbeiter) werden wertvoller und liefern höhere Qualität ab. Du bekommst sprichwörtlich höhere Zinsen und langfristig wird dein wahrer Schatz (deine Mitarbeiter) seinen Wert vervielfachen. Und dies in einem Zustand höchster Zufriedenheit und größter Leidenschaft.

Sorge daher als Führungskraft dafür, dass deine Mitarbeiter sich fortlaufend weiterentwickeln und Lust darauf haben, besser zu werden. Übernimm die Verantwortung für ihr fachliches und persönliches Wachstum. Sei der entscheidende Wegbereiter und finde jederzeit neue Möglichkeiten, die Fähigkeiten deiner Mitarbeiter auszubauen.

Wie Motivation entsteht

Schon sehr lange beschäftigt mich die Frage, wie die zahlreichen und unterschiedlichen Motivationstheorien in der Praxis aussehen. In meiner Wahrnehmung gibt es in der Expertendiskussion rund um das Thema »Motivation« zwei Lager: Die einen behaupten, dass sich Menschen auf keinen Fall von außen und schon gar nicht von den eigenen Führungskräften motivieren lassen. Die anderen wiederum behaupten, Führungskräfte hätten einen erheblichen Einfluss auf die Motivation ihrer Mitarbeiter. Je öfter ich Führungskräfte in ihrem Alltag begleitet habe, umso bewusster ist mir geworden, dass schon sehr viel gewonnen ist, wenn Führungskräfte ihre Mitarbeiter nicht demotivieren.

Es erscheint mir enorm hilfreich, wenn Führungskräfte in der Lage sind, eine Arbeitsumgebung aufzubauen, in der Mitarbeiter gerne sind und arbeiten. Statt verbissen den mitunter höchst unterschiedlichen Motivationslagen des Gegenübers nachzuspüren, ist es gerade für den Einstieg viel einfacher, zunächst den Fokus auf den Abbau aller Störfaktoren zu legen. Schütze dein Team vor allen Dingen, die seine Produktivität einschränken (können), dann bereitest du einen guten Boden für Motivation. Dazu gehört ganz wesentlich auch, das Team gegen externe Einflüsse abzuschirmen, die es verunsichern und destabilisieren: Wenn beispielsweise ständig von verschiedenen Seiten neue Anfragen und Aufgaben auf ein Team einprasseln, führt dies zu Frust und Überforderung. Eine Führungskraft, die in dieser Situation Klarheit und Sicherheit vermittelt und Rückgrat gegenüber übergeordneten Führungs- und Management-Ebenen beweist, bringt ihr Team ein großes Stück weiter.

Wie motiviert ein Mitarbeiter dann im Einzelnen ist, hängt meiner Erfahrung nach von Faktoren ab, die über die Erfüllung allgemeiner Hygienefaktoren wie geregelte Arbeitszeit, Aufgabengerechtigkeit und faire Bezahlung hinausgehen: Im besten Fall interessiert ihn das Thema, mit dem er sich tagtäg-

»

Es ist schon sehr viel gewonnen, wenn Führungskräfte ihre Mitarbeiter nicht demotivieren.

«

lich beschäftigt. Vielleicht erfüllt es ihn sogar. Darüber hinaus kommt er sehr gut mit den Kollegen zurecht, fühlt sich angenommen und zugehörig. Er kann sich frei entfalten und spürt eine gewisse Unabhängigkeit. Außerdem darf er freie Entscheidungen treffen und aktiv Prozesse mitgestalten. Und er spürt, dass er sich in einem Arbeitsumfeld persönlich weiterentwickeln kann.

Immer wieder tritt jedoch dieser spezielle Effekt ein, den ich »destruktive Demotivierung« nenne. Ohne Gedanken an die potenziellen Konsequenzen werden Mitarbeiter auf subtile Weise demotiviert. Dies geschieht oft durch kleinste Handlungen oder unglückliche Gewohnheiten, die zunächst kaum der Rede wert zu sein scheinen. Eine vom Mitarbeiter erbrachte Leistung wird belächelt oder gar verbal herabgewürdigt. Ein Mitarbeiter wird vor dem gesamten Team auf einen Fehler hingewiesen. Die Liste der möglichen Verfehlungen von Personalverantwortlichen ist lang. Doch welche Umgangsformen können als motivierende oder der Motivation zuträgliches Verhalten bezeichnet werden? Motivation entsteht dort, wo motivierend miteinander umgegangen wird. Was sich banal liest, übersetzt sich in der Praxis in folgende starke Grundsätze: Positive Ansprache, würdigendes Feedback, achtungsvolles Miteinander und bewusst ausgesprochenes Lob beziehungsweise Wertschätzung werden hier gerne als Motivationsfaktoren genannt. Dies sind alles richtige und wichtige Komponenten der professionellen Personalführung, viel wichtiger erscheint es mir aber, den Mitarbeiter in seiner individuellen Persönlichkeit zu erfassen, wahrzunehmen und dies auch zu zeigen. Aus eigener Erfahrung wissen wir, wie wichtig es ist, angenommen zu werden und dazuzugehören. Der Psychotherapeut Klaus Grawe spricht in diesem Zusammenhang vom »psychologischen Grundbedürfnis nach Zugehörigkeit und Anerkennung«. Grundbedürfnis deshalb, weil es in jedem Menschen vorhanden ist. Jeder möchte sich mit etwas oder jemandem verbunden fühlen. Es ist eines der großen Bedürfnisse von uns Menschen, das uns von der Natur in die Wiege gelegt wurde.

In praktisches Handeln übersetzt, bedeutet es, dass wir uns wieder mehr unserer Grundbedürfnisse bewusst werden müssen. In der täglichen Hektik, gerade in der Arbeitswelt, geht das gerne unter. Wir sollten uns wieder erlauben, achtsam und aufmerksam zu sein, wahrzunehmen und zu spüren. Es ist wichtig, dass wir uns für andere interessieren und dem Mitarbeiter ein Gefühl von Erwünschtheit geben.

Wenn du beim Lesen der letzten beiden Absätze dachtest: »Das mache ich doch alles!«, dann hinterfrage dich selbst einmal kritisch. Meine Wahrnehmung: Genau an diesen Stellen gibt es ungemein viel Potenzial und Luft nach oben. Mein Eindruck ist, dass Führungskräfte sehr häufig gar nicht mitbekommen oder realisieren, wo ihnen gerade Motivationspotenzial verloren geht. Die meisten halten sich für gute Motivatoren oder sehen sich gar als engagierte Coaches ihrer Mitarbeiterinnen und Mitarbeiter, doch sie sind es oft nicht. Für mich ist daher manch fehlendes Führungsverhalten einfach unterlassene Hilfeleistung. Weil Mitarbeiter einen Anspruch auf Führung haben und weil sich eben in Teams bei der konsequenten Berücksichtigung der genannten Punkte eine deutlich höhere Grundmotivation feststellen lässt. Schauen wir uns im Folgenden deshalb die drei wichtigen Motivationsfaktoren Aufmerksamkeit, Annahme und Anerkennung noch genauer an.

Sehnsucht nach Aufmerksamkeit, Annahme und Anerkennung

Wenn ich meine mittlerweile fast drei Jahrzehnte währende Business-Erfahrung ein wenig Revue passieren lasse, fällt mir ein Phänomen besonders auf: Menschen sehnen sich stark nach Aufmerksamkeit. Was als Antwort darauf trivial klingen mag: den Mitarbeitern regelmäßig hohe Aufmerksamkeit zu schenken, ist als Führungskraft gar nicht so einfach zu berücksichtigen. Ohne jemanden diskreditieren zu wollen, möchte ich meine Wahrnehmung teilen, dass Führungskräfte allzu häufig mit sich selbst beschäftigt sind. Sie meinen es sicher nicht böse, wenn sie vergessen, ein gutes Wort an den Mitarbeiter zu richten oder eine interessierte Nachfrage zu stellen. Zwischen eigenen Anforderungen, Aufgaben oder Projekten hin- und hergerissen, fühlen sie sich nicht in der Lage, dieser grundsätzlichen Anforderung nachzukommen. Es fehlt die Zeit beziehungsweise der hinreichend stark ausgeprägte Wunsch, sich diese Zeit zu nehmen. Sicher ist es häufig einfacher, sich auf gewohntem Terrain zu bewegen oder sich um vermeintlich einfachere Themen zu kümmern. Der Mensch in seiner Komplexität und Vielfalt ist eben selten einfach, sondern ganz im Gegenteil sogar recht kompliziert.

Was ich dabei beobachte: Führungskräfte gehen den Situationen, in denen sie ihren Mitarbeitern wirkliche Aufmerksamkeit schenken könnten, regelrecht aus dem Weg. Sie flüchten sich in fachliche oder sachliche Welten, um nicht mit der Komplexität oder Andersartigkeit ihrer Mitarbeiter umgehen zu müssen. Weil gerade das eben so enorm anstrengend und durchaus fordernd sein kann, für viele sogar absolut überfordernd.

Dabei bedeutet Aufmerksamkeit schenken oft gar nicht viel mehr, als folgende Dinge anzubieten: ein offenes Ohr, ein gewisses Maß an Zeit, eine hohe Präsenz, einen angemessenen Zuspruch und eine spürbare Rückendeckung.

Ein offenes Ohr bedeutet: Alle Menschen sind soziale Wesen und wollen sich austauschen. Sie wollen in ihrer Persönlichkeit erfasst und wahrgenommen werden. Ihnen ist wichtig, dass sie verstanden werden und dass sich jemand mit ihnen befasst. Mindestens im Fall auftretender Probleme oder Schwierigkeiten gibt es den starken Wunsch, sich darüber auszutauschen (oder auch einfach nur etwas loszuwerden).

Ein gewisses Maß an Zeit bedeutet: Wer Führungskräfte kennt, die ständig von einem Termin zum nächsten jagen und kaum verfügbar sind, weiß: Mitunter bleibt keine Zeit für die Mitarbeiter übrig. Unterschwellig können dadurch zwei Eindrücke entstehen: Entweder der Mitarbeiter denkt, dass er eben nicht wichtig genug ist, oder er sagt sich, dass er selbst dafür zu sorgen hat, nicht unterzugehen. Beide Varianten sind mit höchster Vorsicht zu genießen. In jedem Fall entsteht eine gewisse Eigendynamik, die sich oftmals nicht regulieren lässt. Mitarbeiter verlieren also entweder ihr Selbstbewusstsein oder Selbstwertgefühl – oder sie entwickeln eigene Überlebensstrategien und sind später von diesen kaum noch zu trennen.

Eine hohe Präsenz bedeutet: Oft sind Führungskräfte so sehr mit sich selbst und ihren eigenen Themen beschäftigt, dass sie es gar nicht schaffen, im jeweiligen Moment gedanklich tatsächlich vor Ort zu sein. Sie wirken nicht konzentriert oder schlicht fehl am Platz. Genau hier liegt bereits der Ansatz für eine erheblich höhere Führungskraftleistung: indem sich die Führungskraft voll auf die aktuelle Situation und den Mitarbeiter einlässt. Sie hört aktiv zu, stellt Fragen, interessiert sich und bringt die notwendige Geduld auf, auch anspruchsvolle oder komplexe Sachverhalte zu durchdringen.

Ein angemessener Zuspruch bedeutet: Wer bei Zuspruch an Lobeshymnen denkt, liegt komplett falsch. Vielmehr geht es um wohlwollende, aufmunternde Worte oder generell eine gewisse Zugewandtheit. Eine verbale Bestärkung oder eine explizit formulierte positive Leistungsrückmeldung genügen bereits. Der Mitarbeiter fühlt sich anschließend bestärkt und mitunter sogar beflügelt.

Eine spürbare Rückendeckung bedeutet: Mitarbeitende sind nicht ohne Grund Mitarbeitende und Führungskräfte eben Führungskräfte. In meinen Seminaren sage ich deshalb regelmäßig: »Mitarbeiter haben einen Anspruch auf Führung«.

Zu Führung gehört damit auch, sich hinter die Mitarbeiterinnen und Mitarbeiter zu stellen und ihnen den Rücken zu stärken. Auch und insbesondere in Situationen, in denen es schwierig oder kritisch wird. Nichts ist schlimmer, als wenn ein Mitarbeiter ans Messer geliefert oder im Stich gelassen wird. Zum Anspruch auf Führung gehört für mich also in jedem Fall auch eine starke Persönlichkeit, die das Team verteidigt und gegen Angriffe von außen schützt.

Allzu häufig und zuweilen schmerzvoll habe ich erlebt, dass Führungskräfte ihre Mitarbeiter in einem erheblich schlechteren Licht dastehen ließen, als diese es verdient hatten. Die beste Basis für ein vertrauensvolles und produktives Miteinander ist daher die wahrnehmbare und uneingeschränkte Rückendeckung oder -stärkung.

Zu dem Bedürfnis nach Anerkennung gesellt sich noch das Bedürfnis nach Annahme durch den anderen. Immer und immer wieder bekomme ich zu hören, wie wenig sich Mitarbeiter zugehörig und angenommen fühlen. Das betrifft häufig – aber nicht nur – Mitarbeiter mit Spezialaufgaben wie zum Beispiel Controller. Diese erfüllen zwar eine wesentliche Funktion für das Gesamtunternehmen, agieren aber eher im Hintergrund und sind im Teamalltag weniger präsent. Sie sehen sich dann häufig nicht als Teil eines großen Ganzen, sondern eher als notwendiges Übel.

Was hier für dich als Führungskraft zu tun ist, wird deutlich, wenn du einmal die Perspektive eines Kindes im Familienverbund einnimmst. Das angenommene Kind weiß, wo es hingehört, und darf zu jeder Zeit nach Hause zurückkehren. Es fühlt sich verbunden und im hohen Maß geliebt. Auch wenn Geschwister da sind, ist jedes einzelne Kind ein wertvoller Bestandteil der Familie und darf sich jederzeit so fühlen. Damit sich dein Mitarbeiter angenommen fühlt, ist es also notwendig, dass du in maximalem Umfang an ihm interessiert bist und weißt, wie es ihm geht. Du sorgst dich um ihn oder beschäftigst dich mit ihm. Außerdem ist es hilfreich, wenn du dich seiner

Sorgen und Nöte annimmst. Dabei geht es nicht darum, Probleme für ihn zu lösen. Vielmehr geht es darum, ein hohes Maß an Verständnis zu zeigen und ihn zur Lösungsfindung zu ermutigen. Ebenso findet bestenfalls keine direkte oder indirekte Ausgrenzung statt. Allzu häufig beobachtete ich, wie einzelne Mitarbeiter benachteiligt und andere aktiv bevorzugt wurden. Ebendas führt zu einem Gefühl von mangelnder oder fehlender Zugehörigkeit beim Mitarbeiter. Er fühlt sich in letzter Konsequenz eben nicht vollständig angenommen.

Der dritte große Aspekt, nach dem sich Mitarbeiter neben Aufmerksamkeit und Annahme häufig sehnen, ist Anerkennung. Dieses Thema ist recht umfangreich und manchmal auch anspruchsvoll, weil das Bedürfnis in der Praxis komplett unterschiedlich ausgeprägt sein kann. Für den einen Mitarbeiter bedeutet Anerkennung eine gewisse liebevolle Grundzuneigung, andere verbinden damit das Gefühl einer Würdigung. In jedem Fall ist es hilfreich, sich als Führungskraft ins Bewusstsein zu rufen, dass die eigene Rolle nicht die eines Erziehungsberechtigten ist. Als Führungskraft bist du vielmehr Orientierungs- und Richtungsgeber.

Die jeweilige Individualität und das grundsätzliche Wesen des Mitarbeiters werden in diesen Fällen anerkannt. Er soll also nicht zwanghaft angepasst, verbogen oder womöglich »auf links gedreht« werden. »Den Menschen so sein lassen (können und wollen), wie er eben ist«, nenne ich das gerne in meinen Trainings oder bei meinen Auftritten.

Tatsächlich ist dies gar nicht so einfach, und oft genug entsteht der Eindruck, dass Führungskräfte doch am liebsten Mitarbeiter hätten, die genau das tun, was von ihnen gefordert und gewünscht wird, um ihre jeweiligen Ziele zu erreichen oder den gewünschten Unternehmenserfolg zu stützen.

»

Echte Anerkennung bedeutet auch, den Menschen so lassen zu können, wie er nun einmal ist.

«

Genau in dieser Art von gezeigter Anerkennung liegt jedoch der frappierende Unterschied in der Führungskraftleistungsfähigkeit: die Summe der Individuen anzunehmen und gleichzeitig so zu steuern, dass in puncto Zusammenarbeit etwas Großartiges daraus entsteht.

Was Teams kennzeichnet und wie sich Menschen in Teams verhalten

Bisher haben wir uns mit grundlegenden Motivationsfaktoren und Bedürfnissen auf der Ebene des einzelnen Mitarbeiters befasst. In deinem Alltag als Führungskraft hast du aber selbstverständlich nicht nur mit einzelnen Mitarbeitern, sondern mit ganzen Teams zu tun. Wenn du die Verantwortung für ein sich (neu) bildendes Team übernimmst, wirst du häufig die folgenden typischen Phasen der Teambildung beobachten:

1. Findung
Die Mitglieder des Teams lernen sich kennen und finden erste Wege, miteinander zurechtzukommen. Sie beschnuppern sich gegenseitig und es werden erste Ansätze zur Beziehungsbildung sondiert.

2. Auseinandersetzung
Die Teammitglieder setzen sich zunehmend kritisch auseinander. Die einzelnen Mitarbeiter entdecken, dass es auch Unterschiede gibt, und sie versuchen, ihren jeweiligen Platz in der Gruppe zu finden oder sogar zu erkämpfen.

3. Normalisierung
Das Team und seine einzelnen Mitarbeiter einigen sich auf bestimmte Grundregeln oder -werte. Der vereinbarte Umgang wird weitestgehend standardisiert und damit zu einer gewissen Normalität.

4. Umsetzung
Die Mitarbeiter innerhalb eines Teams sind zunehmend gut aufeinander abgestimmt und funktionieren als Einheit immer besser. Produktivität und eine gute Grundstimmung entstehen.

Häufig folgt auf die Phase der Umsetzung, ausgelöst beispielsweise durch einen Wechsel in der Teamzusammenstellung, ein Sprung zurück in die Phase der Findung. Der gesamte Kreislauf beginnt also von vorne, kann sich nun wiederum in den einzelnen Phasen erneut darstellen und sehr unterschiedlich gestalten. Das Wissen um diese typischen Abläufe hilft dir, die verschiedenen Dynamiken in deinem Team vernünftig einzuschätzen und gegebenenfalls in die richtigen Bahnen zu lenken.

Im Zusammenhang mit verschiedenen Teamentwicklungsprozessen, die ich in meiner beruflichen Praxis begleiten durfte, hatte ich es mit ganz unterschiedlichen Rahmenbedingungen zu tun: Mal waren Teams komplett zerstritten oder regelrecht zersplittert. Mal waren sie scheinbar harmonisch, beim Blick hinter die Kulissen stellte sich jedoch heraus, dass dieser Schein trog. Im Mittelpunkt nahezu aller Teamdynamiken standen die Themen »Bedürfnisse« und »Interessen«. Oft bildeten die individuellen Bedürfnisse und scheinbar nicht zueinander passenden Interessen der einzelnen Teammitglieder eine nicht leicht zu beherrschende Gemengelage.

Mit viel Zeit, Einlassungsvermögen und Fingerspitzengefühl lassen sich jedoch im besten Fall auch beliebig viele Charaktere auf einen (oft kleinen) gemeinsamen Nenner bringen. Dann gelingt, was vorher unmöglich schien, und zuvor zerstrittene Menschen wenden sich einander wieder zu oder schließen sogar Frieden.

Um es gleich vorwegzunehmen: Es handelt sich in jedem Fall um einen offenen Prozess und dieser kann gerne einige Wochen oder Monate dauern und auch mit personellen Veränderungen einhergehen. In diesem Fall geht es selbstverständlich nicht darum, Probleme im Team einfach dadurch aus der Welt zu schaffen, dass du dich als Führungskraft von einem schwierigen Mitarbeiter trennst. Wenn es jedoch zu einer Trennung kommt, dann am besten in Form einer geteilten Einsicht in die Notwendigkeit der Maßnahme. Auf ein Team kann eine solche personelle Veränderung durchaus befreiend wirken.

Statt Probleme zu verdrängen oder unter den Teppich zu kehren, wo sie munter weiter gären, lohnt es sich also, einen solchen Teamentwicklungsprozess zu starten. Weil leistungsstarke Teams, die einen solchen Prozess durchlaufen haben, dadurch gekennzeichnet sind, dass sich ihre Mitglieder gegenseitig unterstützen und den Rücken freihalten. Sie sind sehr gut ausgerichtet und folgen einer starken, gemeinsamen Team-Vision, am besten einer, auf die sie sich einvernehmlich verständigt haben.

Der Faktor (Gruppen-)Identität spielt hier eine große Rolle, weil Menschen sich in der Regel gerne mit einem sozialen Gefüge identifizieren und sich in ebendieses integrieren möchten. Selbstverständlich mag es Einzelkämpfer oder soziale Einsiedler geben, die vielleicht nicht bei jedem Team-Event im Vordergrund stehen möchten. Dennoch habe ich beobachtet, dass sich auch stark introvertierte oder zurückgenommene Menschen hervorragend einfügen, wenn von dir als Führungskraft ein entsprechendes Angebot gemacht wird, das den Zusammenhalt fördert.

Integration gelingt also gerade deshalb, weil im Kern jeder Mensch ein soziales Wesen ist. Ebenso ist es auch möglich, dass jeder Mitarbeiter seinen Platz im Team finden kann. Oft werde ich gefragt, wie denn die beste Teamzusammenstellung aussehe. Meine Antwort lautet stets, dass es die richtige Durchmischung an Charakteren ist, die erfolgreiche Teams von weniger erfolgreichen Teams unterscheidet. Wenn du als Führungskraft diese Unterschiedlichkeit der einzelnen Charaktere wahrnehmen, begreifen und in eine positive Richtung moderieren kannst, bist du als exzellente Führungskraft wahrnehmbar.

Dazu gehören Toleranz und ein hohes Maß an Vorurteilsfreiheit. Erst wenn dir nichts mehr den Weg verstellt oder die Sicht versperrt, erhältst du Zugang zu den tiefer liegenden individuellen Potenzialen. Genau die bringen zu verschiedenen Gelegenheiten die Würze in dein Teamgefüge und bereichern es in bemerkenswerter Weise. Mir sind solche Teams als besonders leistungsstark in Erinnerung geblieben, die es schafften, ihre individuellen Stärken zu bündeln. Wenn jeder tun oder beitragen darf, was er am besten kann, führt das zu überdurchschnittlich starken Ergebnissen. Und innerhalb des Teams entsteht eine hohe gegenseitige Akzeptanz. Weil auch die, die sonst womöglich eher als speziell oder eigenartig empfunden werden, ihren festen Platz finden und ihren Beitrag leisten können. Sie erhalten gebührend Respekt und Anerkennung. Die Folge sind in fast jedem Team und jeder Konstellation tolle dynamische Effekte und Ergebnisse, die vorher kaum für möglich gehalten worden sind.

Sei also als souveräne Führungskraft derjenige, der die besonderen Fähigkeiten einzelner Menschen clever zu einer Teamleistung verbindet. Bringe deine Menschen zusammen und sorge für eine Teamkultur, in der die Besonderheit jedes Einzelnen als positive Bereicherung und niemals als Nachteil empfunden wird. Daraus entstehen positive Teamdynamiken und ein Zusammenhalt der besonderen Art.

Wie Unternehmens- und Teamkulturen sich formen

Im Wesentlichen treffen in Unternehmen und Teams erst einmal Menschen zusammen, die nicht viel gemeinsam haben. Sie sind unabhängige Wesen, die aus unterschiedlichen Richtungen kommen, unterschiedlich sozialisiert und konditioniert sind. Diese Perspektive ist auch deshalb interessant, weil sie selten berücksichtigt wird. Meinem Eindruck nach wird allzu häufig davon ausgegangen, dass alle Mitarbeiter die gleiche Motivation haben müssten und es am Ende doch nur um materielle Werte gehe. Daher ist es eine große Kunst, diese individuellen Persönlichkeiten zusammenzubringen und in gewisser Weise aneinander zu gewöhnen. Es ist die Suche nach einer gemeinsamen Identität, die den Unterschied macht. Das gilt im Kern sowohl für Unternehmen als auch für Teams. Wenn ein Unternehmen also Mitarbeiter finden, binden und halten will, wird es dafür sorgen, dass der Spagat zwischen individuellen Bedürfnissen und allgemeinen Leistungsanforderungen gelingen kann. Es geht dabei letztlich um eine Unternehmenskultur, die sowohl das Individuum erreicht als auch das Hervorbringen der notwendigen Ergebnisse begünstigt. Dieser Spagat gelingt tatsächlich nur wenigen Unternehmen. Denn der Mikrokosmos Team ist eine unterschätzte Komponente.

Wenn sich bereits im kleinsten System aus mindestens zwei Personen (= Team) innerhalb des Unternehmens starke Gemeinschaften bilden, fühlen sich Mitarbeiter zugehörig und integriert. Jeder Einzelne gehört dann einem besonderen Kreis von Menschen an, die ihm (beruflich) nahestehen und zwischen denen sich eine positive Gruppendynamik entwickelt. Wenn du als Führungskraft es also schaffst, aus deinem Team eine eingeschworene Gemeinschaft zu formen, wird sich diese Dynamik im gesamten Unternehmen entsprechend potenzieren. In einer solchen Unternehmenskultur gelingt es, sich auf übergeordnete Aspekte zu konzentrieren, um das Unternehmen leistungsstark, marktstabil und zukunftsfähig zu halten. Aus dem Wechselspiel zwischen Team und Unternehmen ergibt sich also eine starke Verbindung. Die Individualbedürfnisse der einzelnen Mitarbeiter werden im Team befriedigt, und viele starke Teams bilden das Fundament für ein erfolgreiches Unternehmen.

Unternehmenskulturen formen sich somit aus einer klaren Vision, der daraus abgeleiteten Mission, soliden Werten und sehr gut geformten Teams. Die Teamkultur wiederum baut auf einem gemeinsam entwickelten Gemeinschaftsgefühl, einem sorgsamen Umgang und einem funktionierenden sozialen Gefüge beziehungsweise Miteinander auf. Diese Wechselwirkung zwischen Unternehmens- und Teamkultur bringt jedes Unternehmen in die erstrebenswerte Situation, von innen heraus in die jeweiligen Märkte wirken und mit hoher Stabilität die gewünschten Ziele erreichen zu können.

Du als Führungskraft hast dabei eine erhebliche Verantwortung. Es liegt an dir, dein Team zu formen und zu entwickeln. Wenn du bereits eine übergeordnete Führungskraft bist, gilt dasselbe für die verschiedenen Teams, die du aufstellen darfst. Am Ende ist das gesamte System nur so stark wie seine einzelnen Teile. Stell dir das wie eine Kette vor, deren einzelne Glieder so gut und sicher verbunden sind, dass sie trotz größter Belastung eine erhebliche Menge an Gewicht tragen können. Ähnlich ist es in Bezug auf Teams. Sorge dafür, dass dein Team ein starkes Element in der Gesamtkette deines Unternehmens ist.

Das gelingt dir, indem du die individuellen Bedürfnisse der handelnden Personen, also deiner Mitarbeiter, erfasst und in ein wirkungsvolles Miteinander übersetzt. Es gilt, Rituale zu gestalten, die den Mitarbeitern das Gefühl von Stabilität und Sicherheit vermitteln. Dazu gehören Teammeetings ebenso wie regelmäßiger sozialer Austausch. Ein starkes Gemeinschaftsgefühl entsteht dann, wenn Mitarbeiter sich gegenseitig unterstützen und helfen. Statt mit dem Finger auf den anderen zu zeigen, begegnen sie sich konstruktiv und wertschätzend. Jedes Mitglied des Teams fühlt sich als wertvoller Bestandteil des Ganzen und versteht seine Rolle. Jeder leistet seinen Beitrag in der gesamten Wertschöpfungskette und fühlt sich für diesen angemessen gewürdigt. Es erfolgt ein regelmäßiger Austausch und die Menschen nähern sich einander an. Sie realisieren, dass es unterschiedliche Stärken sowie Potenziale gibt. Es wird klar erkennbar, dass jeder Mitarbeiter akzeptiert wird, wenn er nur bereit ist, sich als Persönlichkeit einzubringen und damit seinen Teil zum Gesamterfolg beizutragen. Du sorgst als ausgleichende Führungskraft dafür, dass jeder Mitarbeiter zu seinem Recht kommt und im Umkehrschluss seine aktive Beteiligung am Gesamtergebnis möglich werden kann. Dein besonderer Beitrag ist es, dich gut um jeden Einzelnen zu kümmern und dennoch das große Ganze nicht aus den Augen zu verlieren.

Dieses Spannungsfeld positiv zu gestalten, gelingt dir dann, wenn du selbst auf einem hohen Energie- und Stabilitätslevel unterwegs bist. Du steuerst als souveräne Führungskraft einen fortlaufenden dynamischen Teamentwicklungsprozess, der den Gesamterfolg deines Unternehmens maßgeblich stützt. Eine wichtige Rolle also, die sicher nicht mal eben nebenbei zu erledigen ist. Sei dabei konzentriert und fokussiert und sei dir deiner Handlungen bewusst.

Letztendlich entscheiden immer die Werte

Um ein hohes Maß an Selbststabilität zu erreichen, helfen dir deine persönlichen Werte und Überzeugungen. Sie kennzeichnen dich und machen dich zu dem, der du bist. In die höchste Selbststabilität kommst du, wenn du dir deiner Werte und Überzeugungen absolut bewusst bist und ständig reflektierst, inwieweit du im Rahmen deiner persönlichen relevanten Werteprinzipien lebst und handelst. Wenn du deine Überzeugungen regelmäßig sorgfältig prüfst und bereit bist, sie kritisch zu hinterfragen oder gar anzupassen. Erst wenn du deine Werte bewusst lebst, gelingt der produktive Umgang mit deinen Teams. Werte sind der stärkste Faktor, auf den wir uns verlassen können, wenn es stürmisch wird. Stell dir deinen höchsten Wert beziehungsweise dein gesamtes Wertesystem als stabile Festung vor, die dich vor allen Angriffen oder Stürmen schützt.

Beispiele für solche Werte sind Respekt, Liebe, Ordnung, Disziplin, Treue, Zuverlässigkeit und Gerechtigkeit. Wenn also beispielsweise Respekt ein hoher Wert für dich ist, stellst du fest, dass jede Art von Respektlosigkeit dich im höchsten Maße nervt oder stresst. Du strebst danach, respektvoll behandelt zu werden, und sorgst dafür, dass andere einander respektvoll begegnen. Entspricht das von dir wahrgenommene Verhalten nicht diesem Wert, bist du enttäuscht oder gar frustriert. Wird der Wert jedoch aktiv eingelöst oder berücksichtigt, fühlst du dich gut oder sogar erfüllt. Genau darum geht es: die Energie eines Wertes für sich zu nutzen und daraus ein Wertesystem zu etablieren, auf welches sich Mitarbeiter bei dir verlassen können.

Du wirst vermutlich regelmäßig von fünf bis sechs Werten angetrieben sein, die dich als Mensch kennzeichnen. Identifiziere diese Werte und nutze sie aktiv für die konstruktive Gestaltung deiner täglichen Führungsaufgabe. Lass die erkannten Werte aktiv in Erscheinung treten und bilde daraus die Basis für die Zusammenarbeit mit deinen Mitarbeitern. Werte geben Stabilität, Sicherheit und Orientierung. An den von dir vermittelten Werten erkennen Mitarbeiter, worauf sie sich bei dir verlassen können.

Deinen höchsten Wert bestimmst du, indem du dir darüber klar wirst, was dir im Leben besonders wichtig oder was besonders wertvoll für dich ist. Während einige Menschen Zuverlässigkeit, Vertrauen oder Respekt als ihre höchsten Werte definieren, sind für andere Ehrlichkeit oder Aufrichtigkeit überdurchschnittlich wichtig. Wenn du also dein individuelles Wertesystem verstehst und konsequent für dich nutzt, wirst du für deine Mitarbeiter zum sprichwörtlichen Felsen in der Brandung.

Sind dir deine Werte jedoch nicht bewusst oder wirst du dir selbst in Bezug auf deine eigenen Werte untreu, merken das deine Mitarbeiter sofort. Sie verlieren dann den Bezug zu dir und den Grundfesten, auf die sich Menschen in aller Regel gerne stützen. Sie verlieren den Boden unter den Füßen und werden unsicher; denn ihnen fehlen nunmehr Halt und Orientierung. In letzter Instanz kommt es dann zu Fehlern oder kontraproduktiven Entwicklungen.

Nutze also deine persönlichen Werte und Überzeugungen als Stabilisierungsfaktoren und Orientierungsgeber. Eine wertvolle und empfehlenswerte Vorgehensweise ist, dass du dir deine Werte bewusst machst. Beobachte dich in verschiedenen Situationen selbst und reflektiere, welcher Wert dir selbst die größte Stabilität gibt. Finde heraus, worauf du dich bei dir selbst immer wieder verlassen kannst oder welche Werte sich besonders in stressigen Situationen als deine größten Retter in der Not erweisen.

Am Ende von kritischen Ereignissen oder schwierigen Entwicklungen entscheidet stets der Wert beziehungsweise das Wertesystem darüber, wie es nun weitergehen kann. Entspricht ein Verhalten nicht den postulierten Werten, wird es für alle Beteiligten höchst unangenehm. Weil Werte stets der Gradmesser für die Stärke der Führungspersönlichkeit sind. Steh also zu deinen Werten und achte jederzeit darauf, ob du ihnen und damit dir selbst treu geblieben bist.

Löst du deine Werteversprechen dir gegenüber konsequent ein, stärkst du nicht nur dein eigenes Selbstbewusstsein und deinen Selbstwert. Du wirst auch für dein Umfeld zum Stabilitätsfaktor. Dann geht deine Kongruenz mit deinen Werten nämlich im besten Fall auf den oder die Mitarbeiter über. In unserem Beispiel (Respekt als höchster Wert) bedeutet das also, dass ein respektvoller Umgang mit ihnen jederzeit im Mittelpunkt steht. Auch dann, wenn andere Menschen auf deine Mitarbeiter Einfluss ausüben. Hält sich jemand nicht an den genannten Wert, greifst du ein und intervenierst entsprechend. Für deine Mitarbeiter entsteht also eine Art Schutzzone durch den gelebten Wert.

In diesem geschützten Bereich fühlen sich Mitarbeiter wohl und agieren befreit. Sie wissen, dass sie sich in sicheren Gewässern bewegen, und sind in der Lage, das vereinbarte Wertesystem im positiven Sinn zu strapazieren, weil sie die Grenzen kennen: Werte sind nicht verhandelbar, sie sind unumstößlich. Und sie machen den entscheidenden Unterschied aus als Nährboden für Vertrauen. Auf der Grundlage dieser gemeinsamen Werte wird eine stabile Zusammenarbeit überhaupt erst möglich. Sie bieten dir und deinen Mitarbeitern die Chance, im höchsten Maß einvernehmlich zu agieren. In Grenzbereichen oder grenzwertigen Situationen sind sie das höchste Gut und stabiler Rettungsanker zugleich. Wird der etablierte Wert anerkannt und gewürdigt, stabilisiert sich ein System. Es stärkt sich von innen heraus und wird gegen negative äußere Eingriffe resistent.

Ein Wertesystem, also eine Ansammlung von bekannten Werten, wird so zum Grundgesetz für Zusammenhalt. Werte sind hoch einzustufen und kennzeichnen deine wahre Führungsidentität. Bist du bereit, deine persönlichen Werte zu teilen und zu verteidigen, so werden sich deine Mitarbeiter dir erheblich bereitwilliger anvertrauen. Sie werden also eher bereit sein, mit dir in die höchste Leistungsebene einzusteigen. Das führt zu besten Resultaten und einer hohen positiven Energie. Der Wert macht also den Unterschied. Nutze ihn konsequent, um eine akzeptierte und respektierte Führungspersönlichkeit zu sein.

3.
Deine Haltungen als Kompass des Handelns

Persönliche Werte sind also ein wesentlicher Stabilitätsfaktor erfolgreicher Führungsarbeit. Die konsequente Erweiterung eines stabilen Wertesystems sind persönliche Haltungen.

Eine Haltung zu etwas zu haben oder Haltung zu zeigen, ist dabei alles andere als einfach. Tatsächlich haben wir nicht selten zu allem und jedem eine Haltung. Wir machen uns ein Bild zu einem Sachverhalt und je sicherer wir uns sind, umso mehr verfestigt sich genau dieses Bild. Ein verfestigtes Bild ist also gewissermaßen eine Haltung. Wir können für oder gegen etwas sein. Wir finden es positiv oder negativ. Wir halten etwas für richtig oder falsch. Wir fügen vorhandene Wissens- und Wahrnehmungselemente zusammen. Daraus entwickelt und verfestigt sich unsere jeweilige Haltung.

In vielerlei Hinsicht ist es sicher besser, überhaupt eine Haltung zu haben als gar keine. Was Mitarbeiter unterschwellig bemängeln, ist meiner Erfahrung nach, wenn sie ihren Führungskräften eine solche Haltung absprechen. Wenn also der Eindruck entsteht, die Führungskraft habe keine Haltung. Damit wird häufig verknüpft, kein Rückgrat zu haben, etwa in Situationen, in denen es darauf ankäme, Stellung zu beziehen und klar seine Meinung zu äußern.

Bei der Arbeit mit Führungskräften achte ich stets darauf, dass mindestens eine echte Haltung zum Thema Führung aufgebaut wird. Konkret bedeutet das, dass ich mir Gedanken darüber mache, was ich grundsätzlich über das Thema Führung denke. Wie meine persönlichen Emotionen in Bezug auf die Führungsaufgabe sind und wie ich mich, daraus resultierend, in meiner Rolle als Führungskraft gebe. Aus der inneren Haltung wird später das nach außen wahrnehmbare (Führungs-)Verhalten. Keine Haltung zu haben bedeutet unter Umständen, nicht zu wissen, wie ich mich im Idealfall verhalten soll. Fehlt daher die eigene Haltung zum Thema Führen, so fällt einem das irgendwann sprichwörtlich auf die Füße. Der Kern des Ganzen gründet auf deinen Gedanken, beispielsweise in Bezug auf deine Idee von Führung. Dein Konzept, deine Gedanken dazu und deine klare Vision runden das Haltungspaket ab.

Ein klares Konzept, und damit deine eigene Haltung, umfasst konkrete Handlungsprämissen. Wenn du also beispielsweise die Haltung hast, dass Menschen nur zu funktionieren haben und im Fall von fehlender Performance im Zweifel auszutauschen sind, wird sich das erheblich in deiner Art zu führen widerspiegeln.

Hast du jedoch die Haltung, dass Menschen ein höchst relevanter Faktor sind, dass jeder Mensch wertvoll ist und in jedem Fall sehr gut für jeden Einzelnen zu sorgen ist, wird sich das ebenfalls in deinem konkreten Führungsverhalten widerspiegeln.

Tatsächlich erlebe ich bei den Führungskräften, die ich coache, beide Ausprägungen immer wieder. Es gibt die unterschiedlichsten Haltungen zum Thema Mitarbeiterführung. Längst nicht jede eingenommene Haltung ist produktiv oder förderlich für den gewünschten Führungserfolg. Darum finde ich es ungeheuer wichtig, sich regelmäßig über die eigenen Haltungen Gedanken zu machen beziehungsweise diese sorgfältig sowie angemessen kritisch zu reflektieren. Wird aus einer zuvor positiven Haltung eine negative Haltung, wirkt sich das entsprechend in deiner Führungsarbeit aus – immer.

Korrigierst oder modifizierst du deine Haltung, wird sich auch dein Führungsverhalten verändern. Aus der Erfahrung heraus fällt es uns Menschen jedoch sehr schwer, unsere Haltung zu korrigieren oder anzupassen. Wir haben im Laufe unseres Lebens eine bestimmte Haltung aufgebaut und mit der Zeit verfestigt. Oft sind wir erst durch schockierende beziehungsweise besonders beeindruckende Erlebnisse oder Ereignisse bereit, unsere Haltung zu überdenken. Das kann jedoch viel zu spät sein. Deshalb gilt: Prüfe deine persönlichen Meinungen und Haltungen gegenüber dem Thema Führung.

Ebenso die sich daraus entwickelnden Leitplanken deines Handelns. Du bist als Führungskraft sehr viel besser greif- und vor allem begreifbar, wenn du dir deiner persönlichen Haltungen bewusst bist. Du darfst diese sogar an deine Mitarbeiter kommunizieren und ihnen dadurch wertvolle Orientierung geben. Du wirst in gewisser Weise transparent und zeichnest dich durch ein hohes Maß an Glaubwürdigkeit aus. Deine Handlungen werden nachvollziehbar und verständlich. Das führt zu Vertrauen und letztendlich zu einer hohen Bereitschaft, sich mit dir zu verbinden und zu verbünden.

Ein positives Menschenbild: Warum es dir hilft, Menschen zu mögen

Eine grundsätzliche Haltung, die für deine Aufgabe als Führungskraft hilfreich ist, besteht darin, Menschen zu mögen oder zumindest zu schätzen. Es kommt immer wieder vor, dass Menschen, die eher Fachexperten oder Spezialisten sind, zu Führungskräften ernannt werden. Das ist ebenso häufig der Fall, wie es eben auch tragisch sein kann. Wenn diese Personen beispielsweise eine bestimmte Technik, die von ihnen angewandten Systeme oder fachliches Wissen mehr schätzen als den Menschen an sich, wird es schwierig. Es fehlt dann am notwendigen Verständnis oder womöglich an der Bereitschaft, den anderen überhaupt verstehen zu wollen. Etwas über ihn erfahren oder mit ihm kooperieren zu wollen. Genau das ist aus meiner Sicht ein Schlüsselelement von Führung: mit den Menschen kooperieren – und zwar bereitwillig. Es geht also darum, eine Bindung oder Beziehung aufzubauen, um gemeinsam bestimmte Aufgaben erfolgreich zu bewerkstelligen. Selbstverständlich können im Zweifel Arbeitsaufträge per Anweisung erteilt werden, jedoch wird in diesem Fall sicher nicht mit einem guten oder gar besten Ergebnis zu rechnen sein.

Wenn du also Menschen grundsätzlich mit Zuneigung oder sogar Liebe begegnest, bist und kommst du ein ordentliches Stück weiter. Nun wird vermutlich deine erste Reaktion sein, dass du bei bestimmten Personen, die dir in den Sinn kommen, denkst: »Diese Person werde ich unmöglich mögen geschweige denn lieben können.« Ich meine jedoch eine andere Art von mögen oder lieben, als landläufig mit den Begriffen assoziiert wird. Es geht mir um eine grundsätzlich menschenfreundliche Haltung, die du selbst entwickeln und steuern kannst. Wir können stets selbst entscheiden, ob wir etwas positiv oder negativ finden. Und es ist völlig in Ordnung, dass wir entscheiden, wie wir einen oder mehrere Menschen finden. Im Arbeitskontext suchen wir uns die Menschen, für die wir später eine bestimmte Verantwortung tragen, nicht immer aus. Gerade deshalb ist es wichtig, jetzt zu entscheiden, wie du diese Menschen findest und welche Sicht du auf sie hast. Im Klartext: Auch wenn du nicht entscheiden kannst, mit wem du arbeitest, kannst du sehr wohl überlegen, wie sich eure Zusammenarbeit gestalten soll.

Dabei hilft es enorm, ein positives Menschenbild zu haben. Immer im Fokus zu haben, welche positiven Eigenschaften es an Menschen gibt und wie diese ticken. Im Verlauf meiner beruflichen Karriere habe ich festgestellt, dass kein Mensch als schlechter Mensch zur Welt kommt. Auch wenn uns manche Menschen mit ihren individuellen Verhaltensweisen ziemlich schräg vorkommen und wir sie möglicherweise anstrengend oder nervig finden. Denn wir alle sind menschliche Wesen, die bestimmte Bedürfnisse haben und nach ziemlich ähnlichen Prinzipien funktionieren. Im Verlauf eines jeden individuellen Lebens passiert jedoch vieles, das uns prägt oder sogar maßgeblich verändert – nicht immer zum Positiven. Umso wichtiger ist es deshalb, mit einem positiven Menschenbild sowie einem gewissen Vertrauensvorschuss in die Begegnung mit anderen zu gehen. Gerade dann, wenn die betreffenden Personen unsere Mitarbeiter sind. Für mich war dieser Vertrauensvorschuss ein wichtiges Element jeder einzelnen Maßnahme der Persönlichkeitsentwicklung. Je vorurteilsfreier ich dem zu mir kommenden Menschen begegnete, umso besser gestaltete sich unsere Kooperation. Der andere Mensch spürt oder nimmt offensichtlich wahr, dass er gewünscht, gewollt und akzeptiert beziehungsweise zugehörig ist. Das führt unweigerlich zu einem Gefühl von Anerkennung. Letztendlich sogar zur sprichwörtlichen Öffnung, die ich auch gerne als Einlassung oder Einlassungsbereitschaft bezeichne.

Je weniger Vorbehalte oder gar Vorurteile du hast, umso konstruktiver und letztendlich harmonischer gestaltet sich die Zusammenarbeit zwischen dir und deinem Mitarbeiter. Wenn du ihm positiv gegenübertrittst und sogar aktiv dazu einlädst, ein gewollter und erwünschter Bestandteil des Teams oder der Gruppe zu sein, ist das bereits die halbe Miete. Wenn es dir dann noch gelingt, deinem Gegenüber ein Gefühl von positivem Zutrauen und klar erkennbarem Entgegenkommen zu geben, wird das Bild der wirkungsvollen Führung immer vollständiger. Hier beginnt die positive, aufrichtige und zugewandte Begegnung. Und auf dieser Grundlage entsteht die kooperative, störungs- und konfliktarme Zusammenarbeit, die schon bald messbare Früchte trägt. Wenn es dir hilft, kannst du hier wieder an das Bild der unsichtbaren Beziehungsleine denken, die ich zu Beginn des Buches beschrieben habe.

Es ist also das positive Menschenbild, das den Unterschied macht. Für viele ist das ein hartes Stück Arbeit, weil negative Erfahrungen oder traumatische Erlebnisse die Lebenswege vieler Menschen kennzeichnen und prägen. Sich hiervon zu lösen und in den relevanten Momenten zu distanzieren, ist die große Kunst und ein bedeutsamer Teil der erlebnisorientierten Führung.

Sei ständiges Vorbild in Bezug auf das positive Menschenbild und die Art und Weise, wie du deine Mitarbeiter gegenübertrittst. Selbst wenn Fehler gemacht wurden, haben Mitarbeiter in der Regel nicht vorsätzlich oder willentlich etwas falsch gemacht. Eher führen verschiedene Umstände zu dem entstandenen Ergebnis und es gilt, die Gründe hierfür gleichzeitig menschenorientiert und sachbezogen zu ermitteln.

Wenn du es schaffst, eine positive und angstfreie Atmosphäre zu gestalten, merkst du recht schnell, wie dankbar dir die Menschen dafür sind. Sie geben es dir auf ihre ganz eigene Weise zurück. Einem erfolgreichen und produktiven Miteinander steht dann nichts mehr im Weg.

Vorurteilsfreiheit: Warum dein Hirn dich austrickst

Letztendlich ist es doch so: Wir können uns gar nicht dagegen wehren, dass unser Gehirn automatisch Informationen verarbeitet und auswertet. Wenn du also über deine Sinneskanäle Informationen aufnimmst, beginnt in Sekundenbruchteilen deren Verarbeitung. Das bedeutet zunächst nichts anderes, als dass wir im Sinne einer natürlichen Reaktion entscheiden, ob uns potenziell eine Gefahr droht oder nicht. Evolutionsgeschichtlich betrachtet, haben wir auf diese Weise gelernt, rechtzeitig auf Bedrohungen zu reagieren und dadurch unsere Gesundheit zu schützen oder auch unser Leben zu verteidigen. Vor diesem Hintergrund wird erklärbar, warum wir relativ schnell entscheiden und bewerten, ob uns ein anderer Mensch wohlgesonnen gegenübertritt oder womöglich eine Gefahr für uns darstellt. Interessanterweise lässt sich dieser Bewertungsmechanismus meiner Erfahrung nach in der Arbeitswelt heute verstärkt beobachten: Ich nehme überdurchschnittlich häufig wahr, dass Führungskräfte bestimmte Mitarbeiter nicht gut leiden können und entsprechend reagieren. In diesem Fall hat die Führungskraft häufig Vor-Urteile gegenüber der betroffenen Person. Ihr Bild von einer Person ist dann bereits fertig, bevor der Mitarbeiter auch nur die Gelegenheit hatte, sich vorzustellen oder zu beweisen, bevor also ein eigentliches Urteil aufgrund von belastbaren Fakten gefällt werden könnte. Die Schreibweise »Vor-Urteil« beschreibt das zugrunde liegende psychologische Phänomen sehr gut: Es handelt sich um etwas, das vor dem abschließenden Urteil über einen Menschen geschieht. Damit weise ich darauf hin, dass wir immer die Möglichkeit haben, unser Bild in den relevanten Punkten anzupassen, bevor wir ein Urteil fällen und der andere Mensch dadurch in einer festen, womöglich unwiderruflichen Bewertung feststeckt.

Das Beste, was wir als Führungskräfte tun können, ist, uns weniger oder gar nicht mehr von Vor-Urteilen leiten zu lassen. Genauer formuliert: Wir sollten unser (Vor-)Urteil über bestimmte Menschen korrigieren oder anpassen. Sicher werden wir dem natürlichen Mechanismus folgend immer wieder Vor-Urteile bilden und uns damit in gewisser Weise selbst schützen. Die besondere Fähigkeit ist jedoch, die Größe zu besitzen, sein Urteil zu korrigieren.

In meiner eigenen Ausbildung zum Trainer lernte ich eine geniale Methode. Es ging um schwierige Teilnehmer und den professionellen Umgang mit ihnen als Trainer, die Methode lässt sich aber genauso gut auf deine Arbeit als Führungskraft übertragen. Wie sich schnell herausstellte, existierten in unseren Köpfen recht konkrete Bilder dazu, was wir an den Menschen, die wir als schwierig einschätzten, nicht mochten. Wir konnten bestimmte Verhaltenselemente benennen oder Auffälligkeiten beschreiben, die uns zu dem Ergebnis »schwierig«, »nervig« oder »anstrengend« kommen ließen. Unsere Ausbilderin gab uns nun folgende Aufgabe: »Finde mindestens drei Merkmale, die du an der genannten Person schätzt oder magst und die gut an ihr sind.« Die Übung ist ebenso einfach wie wirkungsvoll. Wenn du dich bei deinem Gegenüber auf positive Dinge konzentrierst, wirst du diese auch finden. Auf diese Weise entsteht ein neues Bild von diesem Menschen, ein Bild, das du zunächst sehr wahrscheinlich nicht von ihm hattest.

Wenn du die Idee der positiven Betrachtung deines Gegenübers konsequent weiterdenkst, kannst du als Führungskraft daraus sogar eine elementare Fähigkeit werden lassen. Du konzentrierst dich ab sofort oder ab dem Zeitpunkt deiner nächsten Wahlmöglichkeit immer wieder explizit auf positive Aspekte oder Kriterien. Entweder in Bezug auf ein Ereignis, das du durchlebt oder auch durchlitten hast. Oder in Bezug auf den Mitarbeiter, der dich zuvor noch aufgeregt und im negativen Sinne beansprucht hat. Du realisierst in diesem Zusammenhang, wie schnell unser Hirn Entscheidungen trifft, und bist nun in der Lage, einen nachgelagerten, hochwirkungsvollen Ansatz folgen zu lassen. Bemühe dich immer wieder, positive Aspekte zu finden, insbesondere dann, wenn deine Gedanken in diesem Kontext sonst eher kritisch oder negativ sind. Nach und nach wird sich dein gesamtes Weltbild verändern, weil du in der Lage bist, positiv zu reflektieren. Dadurch erkennst du Dinge, die dir womöglich bisher verborgen geblieben sind. Dein Fokus erweitert sich und du gibst anderen Menschen beziehungsweise deinen Mitarbeitenden die Chance, die sie verdienen: in all ihren Facetten und in ihren individuellen Persönlichkeitsausprägungen wahrgenommen zu werden. Die Mitarbeiter kämpfen also nicht mehr gegen ein unterschwelliges Vor-Urteil an, sondern dürfen dich auch und insbesondere mit ihren Stärken positiv überraschen oder überzeugen.

Stell dich deinen angeborenen Urteilsmechanismen und finde bessere Möglichkeiten, die Menschen in deinem Umfeld zu betrachten. Falls du im Zweifel bist, ob jemand eine Bedrohung darstellt oder nicht, gib ihm die Chance, sich dir mit seinen positiven Eigenschaften zu zeigen. Gib ihm auch die Chance, sich dir vollumfänglich zeigen zu dürfen. Das setzt voraus, dass du diese Ebene des gegenseitigen Kennenlernens überhaupt ermöglichst und zulässt: ein wichtiger Meilenstein auf dem Weg zu einem produktiven und in hohem Maß einträglichen Miteinander.

Lösungsorientierung: Jede Lösungsfindung ist schwer

Im Konzept der konsequent umgesetzten erlebnisorientierten Führung spielt der Faktor Lösungsorientierung eine große Rolle. Mir fällt in diesem Zusammenhang auf, dass Menschen dazu neigen, eher das Problem oder gar mehrere Probleme zu sehen, als über eine mögliche Lösung nachzudenken. Wer seinen Schwerpunkt also ausschließlich im Erkennen und Analysieren von Problemen hat, dem fällt es oft schwer, sich in Richtung einer passenden Lösung zu entwickeln.

Hier hast du als souveräne Führungskraft eine echte Chance als derjenige, der den Mitarbeitern hilft, Lösungen zu entwickeln. Dafür ist zunächst wichtig, zu verstehen, ob du selbst eher in Richtung Problem oder Lösung tendierst. Was ich an dieser Stelle anmerken möchte: Es ist selbstverständlich nie verkehrt, ein Problem umfangreich zu analysieren, um eine stimmige Lösung zu kreieren. Wenn du jedoch den (Lösungs-)Wald vor lauter Problem(-Bäum)en nicht mehr siehst, ist das sicher nicht optimal. Es braucht also die Fähigkeit, sich konstruktiv mit Problemen auseinanderzusetzen und konsequent nach besten Lösungen Ausschau zu halten, anstatt bei der Problemanalyse zu verharren.

Diese Herausforderung löst du, indem du dich dem Problem zunächst sehr intensiv näherst, bis du es gut verstanden hast. Höre also genau zu, was deine Mitarbeiter dir zu beschriebenen Problemen zu sagen haben, und entdecke mit ihnen konsequent den wahren Kern des Problems. Wenn das gelungen ist, hast du drei Möglichkeiten, wie du dieses Problem lösen kannst: durch eine klare Handlungsanweisung beziehungsweise einen von dir klar formulierten Lösungsansatz, durch gemeinsame Problemlösung oder durch gezieltes Herausarbeiten von Lösungsansätzen ausschließlich durch deine Mitarbeiter.

Während meiner Einsätze begegnen mir immer wieder eifrige Führungskräfte, die ihren Mitarbeitenden im Sinne der ersten Variante Lösungen nennen. Oft, weil es einfach ist und schnell geht. Weil die Führungskraft eben auch Experte ist und die Lösung mal eben zu übergeben in der Lage ist. Wird dieser Lösungsweg beschritten, erlebe ich jedoch auch, dass Mitarbeiter mehr und mehr zur Unselbstständigkeit erzogen werden oder es sich zunehmend leicht machen. Schließlich bekommen sie von ihrem Chef immer die passende Lösung auf dem Silbertablett präsentiert. Weitergedacht bedeutet das häufig auch, dass die Mitarbeiter das Denken weitgehend einstellen und sich auf die Führungskraft verlassen.

In der zweiten Variante entstehen Dialog und Abstimmung in Bezug auf die Lösungsfindung. Das Problem wird identifiziert und alle denken gemeinsam über mögliche Lösungsvarianten nach. Es werden verschiedene Lösungsvorschläge entwickelt und die Führungskraft ist in diesem Moment aktiv am Prozess beteiligt, ohne jedoch die Lösung vorzugeben. Das schafft ein Gefühl von Kommunikation auf Augenhöhe und Verbundenheit. Die Mitarbeiter werden einbezogen und diskutieren konstruktiv miteinander über mögliche Lösungsvarianten. Am Ende des Prozesses wird entschieden, welche Lösungen geeignet sind und umgesetzt werden.

In der dritten Variante agiert die Führungskraft als Lösungscoach und hilft den Mitarbeitern, selbst eine Lösung zu erarbeiten. Die Führungskraft fördert Eigeninitiative und Verantwortungsbewusstsein. Die Mitarbeiter sind angemessen gefordert und identifizieren sich bestmöglich mit der selbst gefundenen Lösung. Mit der Lösung verbunden zu sein, führt meiner Erfahrung nach zu positiven Gefühlen wie Freude und Stolz. Sicher ist diese Variante die zeitintensivste, sie bringt jedoch den größten Nutzen für alle Beteiligten. Die Mitarbeiter identifizieren sich mit der gefundenen Lösung und setzen diese engagiert und leidenschaftlich um. Die Führungskraft sorgt mit dem nun bekannten Vorgehen für ein hohes Maß an Verantwortungsübertragung und Bereitschaft zur Verantwortungsübernahme. Und für das betreffende Unternehmen kommen regelmäßig sehr gute Lösungen zustande, die das Vorankommen und damit die Zukunftsfähigkeit sichern helfen.

Mir ist dabei besonders wichtig, keine der Varianten zu verurteilen oder als nicht wirkungsvoll zu beschreiben. Vielmehr geht es mir darum, dich als Führungskraft auf den Gedanken zu bringen, dass es sich lohnt, differenziert zu agieren. Entscheide je nach Situation über das beste Vorgehen und achte stets darauf, dass deine Mitarbeiter sich im höchstmöglichen Maß als selbstverantwortliche Mitgestalter verstehen. Mitarbeiter genießen es, beteiligt zu sein und voller Stolz passende Lösungen zu entwickeln. Und sie schätzen es, wenn gefundene Lösungen erfolgreich um- oder eingesetzt werden und sie die daraus resultierende Würdigung erfahren. Deswegen entscheide dich bewusst für das beste Vorgehen und reflektiere fortlaufend, in welcher Form du deine Mitarbeiter als Führungskraft unterstützt.

Energie schlägt Lethargie

Bei einer Führungsaufgabe handelt es sich keinesfalls um einen kurzen Sprint. Eher um einen Langstreckenlauf, bei dem auch noch jede Menge Hindernisse und Hürden zu überwinden sind. Beobachte doch einmal an dir selbst, wie oft du es schaffst, auf deinem höchsten Energielevel zu agieren. Die höchste Energie ist für mich die Energie, welche mitreißt und andere ansteckt. Eine Energie, mit der es dir gelingt, deine Mitarbeiter jeden Tag und in jeder erforderlichen Situation neu für den gegebenen Auftrag zu begeistern.

Dazu ist es meiner Erfahrung nach hoch relevant, dass du dich selbst kontinuierlich in einem hohen bis höchsten Energiezustand befindest. Ein wirklich umfangreiches Thema, weil uns doch tagtäglich unzählige Energieräuber beschäftigen. Egal, ob wir Probleme in unserer Beziehung oder sonstige Herausforderungen zu meistern haben: Uns werden mit vielfältigen Themen, die uns beschäftigen, oft wertvolle Kapazitäten genommen. Wir strengen uns so sehr an, an unseren großen oder kleinen Problemen zu arbeiten, dass wir gar nicht merken, wie sehr uns diese Beschäftigung unsere Lebensenergie raubt.

Wir sind oder werden müde. Zu müde, um uns dann auch noch unseren Mitarbeitern zu widmen oder sie mit unserer idealerweise verfügbaren Energie anzustecken.

Hinter all diesen Gedanken steht eine relativ einfache Formel: Je weniger dir schwierige oder problematische Themen Energie rauben, umso mehr Energie wirst du in deinem Führungsalltag freisetzen können.

Deshalb ist es nahezu alternativlos, im eigenen Leben konsequent Ordnung zu schaffen und Energieräuber zu erkennen und sich von ihnen möglichst zu trennen. Das hat klarerweise Grenzen, da sich nicht jedes Problem zum Beispiel im privaten Bereich im Handumdrehen lösen lässt. Auch hier ist die Erkenntnis jedoch der erste Schritt zur Verbesserung. Und auch hier gilt, dass zunächst einmal der positive Gedanke zählt, den du dir gönnst. Allein negative Gedanken, die sich beispielsweise in Zweifeln oder Minderwertigkeitsgefühlen ausdrücken, rauben uns jede Menge produktive Energie. Du kannst in diesem Fall mit kleinen Übungen beginnen, bei denen du versuchst, bewusst positive Gedanken in dir zu erzeugen. Der innere Dialog, den wir regelmäßig mit uns selbst führen, kann hier ein hilfreicher Ansatz sein. Sollten sich wieder negative oder sogenannte destruktive Gedanken eingeschlichen haben, kannst du den inneren Dialog starten und dir folgende Frage stellen: »Was ist gut daran?«. Du beginnst, deinen inneren Zauderern und Zweiflern konsequent positive Gegenspieler gegenüberzustellen. Nach wenigen Wiederholungen wirst du feststellen, dass sich immer mehr positive Gedanken einstellen. Je häufiger du dich selbst darauf konditionierst, auch die positiven Aspekte von etwas zu sehen, umso mehr gewöhnt sich dein Hirn daran. Wiederhole diese Übung regelmäßig und lasse positiv ausgerichtete Fragen zu einem festen Bestandteil deiner Weltsicht werden. Die Weltsicht ist jene Sicht auf einen Teilausschnitt deiner Welt, den du regelmäßig aus deiner subjektiven Sicht heraus betrachtest. Im nächsten Schritt beginne damit, deine Mitmenschen oder bewusst deine Mitarbeiter positiv zu betrachten. Finde gute oder positive Dinge an ihnen, wie auch bereits im vorigen Kapitel beschrieben. Eine nächste Steigerungsstufe ist nun, jeden aufkommenden Gedanken sofort in positive Bahnen zu lenken. Also gar nicht erst negative oder kritische Gedanken aufkommen zu lassen. Stell dir folgende Szene vor: Du betrittst einen Raum, in dem gleich ein wichtiges Meeting stattfinden wird. Du nimmst einen unangenehmen Geruch wahr. Anstatt bei dieser negativen Wahrnehmung zu verharren und dich der Situation ausgesetzt zu fühlen, konzentrierst du dich sofort darauf, wie du zu einer positiven Lösung gelangen kannst. Du wirst aktiv, überprüfst, woher der Geruch kommt, sorgst für einen Luftaustausch und hast im Ergebnis einen optimierten Raum. Du denkst ab dieser Energiestufe also sofort an den positiven Kern von etwas oder jemandem. Das Spannende daran ist, dass du stets etwas Positives finden wirst, wenn du dich darauf konzentrierst. Am Ende ist eben alles, was (dir oder uns) passiert, für etwas gut oder nützlich. Manchmal sehen wir zwar erst im Nachhinein, was wir durch ein Ereignis oder eine Gegebenheit gewonnen haben. Dennoch lohnt sich der schnellstmögliche Blick auf den positiven Aspekt, um entsprechende Energien in uns aufzubauen und ins Handeln zu kommen. Tust du das konsequent, wirst du feststellen, dass deine Gesamtenergie erheblich zunimmt und du entsprechend mehr Energiekapazitäten an deine Mitarbeiter weitergeben kannst.

Eine weitere Möglichkeit, positive Energien freizusetzen, beobachte ich bei vielen Menschen, wenn sie sich Erfolgserlebnisse schaffen und diese angemessen würdigen. Gelingt dir etwas besonders gut, gönnst du dir etwas Schönes und füllst damit Stück für Stück deinen Energiespeicher auf. Es muss sich hierbei keinesfalls um etwas Materielles handeln. Vielmehr sind es die emotionalen oder intensiven Momente, Ereignisse und Begegnungen, die gute Energien in uns freisetzen. Unromantisch betrachtet ein durchaus schlichter chemischer Prozess: Unser Gehirn setzt bestimmte Botenstoffe frei, wenn wir uns freuen oder gar ekstatisch ausgelassen sind.

Deshalb lohnt es sich sehr, den eigenen Energiespeicher fortlaufend aufzufüllen, damit wir in den richtigen oder wichtigen Situationen angestaute Positiv-Energie abgeben können. Auf diese Weise können wir unseren Mitarbeitern eine kleine Energie-Injektion verabreichen oder ihnen ein wenig Energie-Starthilfe geben. Damit sie im Anschluss daran wieder selbst mit hoher und höchster Energie an die zu lösenden Aufgaben gehen.

In meinem Arbeitsleben haben mir immer wieder die Chefs besonders gutgetan, die es schafften, meine Energie zu aktivieren, wenn ich selbst gerade keine hatte. Wenn sie also einen Energiefunken versprühten, der mich wieder durchstarten ließ. Vorgesetzte, die sich stets in einer gewissen Lethargie befanden, empfand ich zu jeder Zeit als wahnsinnig anstrengend. Sie kickten mich nicht und ich kam selbst aus kleinen Energielöchern nicht heraus.

Entscheide dich daher jeden Tag neu, ob du Energieräuber oder Energiespender sein möchtest. Je mehr positive Energie du zu deinen Mitarbeitern transferierst, umso mehr werden sie die gewünschten Resultate erzielen. Deine Mitarbeiter werden es dir also großzügig danken.

Interesse als schönstes Geschenk

Eine der Haltungen, die vielleicht am meisten unterschätzt werden, ist das echte, aufrichtig entgegengebrachte Interesse. Während meines letzten Kundenauftrags war aufrichtiges Interesse am Gegenüber genau die Komponente, die möglich werden ließ, dass Menschen sich mir zuwandten und sich öffneten. Im beruflichen Alltag passiert es häufig ohne Absicht, dass Führungskräfte ihren Mitarbeitern wenig oder kein Interesse entgegenbringen. Viel mehr sind sie so stark mit sich selbst beschäftigt, dass ihnen in ihrer eigenen Wahrnehmung kaum Zeit bleibt, sich im Detail für jeden Mitarbeiter zu interessieren. Dabei macht gerade diese besondere und dennoch schlichte

Art der Würdigung des Mitmenschen oft genau den entscheidenden Unterschied.

Wenn ich also heute Manager und nicht selten Top-Manager beobachten darf, fällt mir auf, dass viel zu selten echtes und aufrichtiges Interesse an den Mitarbeitenden vorhanden ist. Noch seltener wird dieses dann auch explizit verbal ausgedrückt. Sämtliche geführten Dialoge beziehen sich sofort auf fachliche oder sachliche Inhalte. Dem gegenseitigen Interesse und damit der Beziehungsebene wird kein Raum gegeben. Getrieben von den Anforderungen oder Zielstellungen haben private oder arbeitsferne Themen keinen Platz. Es scheint geradezu verpönt zu sein, sich für seinen Mitmenschen zu interessieren.

Dabei muss das vorgebrachte Interesse keinesfalls nur privater Natur sein. Genauso kannst du dir als Führungskraft vornehmen, Arbeitsstände oder Ergebnisse in ihrer Entstehung aktiv zu hinterfragen. Du wirst unverzüglich erleben, wie großartig sich Mitarbeiter fühlen, wenn sie mit ihrer erzielten Leistung, ihrer Kompetenz oder ihrem Wissen wahrgenommen werden. Voller Stolz und mit großer Emsigkeit wird dann berichtet. Letztendlich entstehen magische Momente, in denen Potenziale sichtbar und Ideen geboren werden, häufig schlicht und ergreifend dadurch, dass Menschen gebeten werden, etwas von oder über sich zu berichten, was zu einer produktiven Öffnung und Einlassung führt.

Es kostet somit kaum Aufwand, sich regelmäßig in einen interessierenden Dialog zu begeben. Im Gegenteil: Es ist erfrischend und bringt die Beziehung zu deinen Mitarbeitern auf ein völlig neues, nie da gewesenes Niveau. Solltest du Respekt davor haben, dich allzu sehr für deine Mitarbeiter zu interessieren, weil du befürchtest, dass sie sich dann bei dir auf die Therapie-Couch legen, möchte ich dich beruhigen. Du kannst mit rhetorischen Stilmitteln jederzeit die gewünschte Intensität beeinflussen, damit die Antworten auf deine interessierten Nachfragen nicht zu endlosen Romanschleifen mutieren und du später womöglich denkst: »Hätte ich lieber nicht gefragt«.

Was jedoch mit Mitarbeitern passiert, denen regelmäßig Interesse entgegengebracht wird, ist beeindruckend und bewegend zugleich. Sie fühlen sich wertgeschätzt und gewürdigt. In einer Welt, die sich immer schneller zu drehen scheint, ist dies ein unermesslicher Wertschöpfungsbeitrag. Davon abgesehen ist es auch eine erheblich günstigere Variante als beispielsweise zusätzliche Gehaltszahlungen oder materielle Zuwendungen.

Gewöhne dir als Führungskraft an, eine Art Interessenplan zu verfolgen. Entwickle ein Gespür dafür, wer von deinen Mitarbeitern mit welcher Art von Interesse in besonderer Weise zu erreichen ist. Bei dem einen mag es das spürbare Interesse an persönlichen oder privaten Themen sein, welches bleibenden Eindruck hinterlässt. In anderen Fällen ist es das zuvor beschriebene Interesse an fachlicher Expertise oder angewandten Vorgehensweisen. Jede Art von Interesse ist in jedem Fall immer dann eine absolute Bereicherung, wenn sie von Herzen kommt und authentisch vorgebracht ist. Deswegen ist es wichtig, darauf zu achten, dass du deine interessierten Fragen routinemäßig in dein Verhaltens- und letztendlich Haltungsportfolio übernimmst. Je öfter du Interesse zeigst, umso mehr verinnerlichst du diese Art der Wertschätzung und umso mehr wird grundlegendes Interesse-Zeigen zu einem festen Bestandteil deiner Führungspersönlichkeit.

Setze dich aktiv damit auseinander, woran es liegt, wenn du wenig oder kein Interesse an den Menschen in deinem Umfeld zeigst. Im nächsten Schritt nimm dir vor, regelmäßig und kontinuierlich deine Mitarbeiter zu befragen. Betrachte es als Ritual, beispielsweise zu Beginn eines jeden Mitarbeitergesprächs, an deinem Mitarbeiter echtes Interesse zu zeigen. Du wirst feststellen, wie sich Beziehungen vertiefen und sich dir in besonderer Weise höchst wichtige Zugangsmöglichkeiten zu deinen Mitarbeitern öffnen. Über das in

Erfahrung gebrachte Wissen hinaus wird es dir immer leichter fallen, deine Mitarbeiter zu verstehen. Dann wird es euch im produktiven Zusammenspiel gelingen, zu kooperieren und gemeinsam beste Lösungen zu kreieren. Darüber hinaus entsteht neben einer gewissen Vertrautheit ein starkes Gefühl von Verbundenheit. Dieses Gefühl schätzen Mitarbeiter sehr, insbesondere dann, wenn ihre Führungskraft ihnen mittels des ausgedrückten Interesses signalisiert, dass sie es wert sind, sich Zeit für sie zu nehmen. Die positive Konsequenz liegt klar auf der Hand: eine besser gelingende Zusammenarbeit und ein einvernehmlicherer Umgang.

Exkurs: Haltungen beeinflussen ist wirklich schwer

Die Paradedisziplin, an der sich viele Menschen geradezu abarbeiten, ist das Beeinflussen von Haltungen. Wie oft regen sich Eltern über die scheinbar falschen Haltungen ihrer Kinder auf und arbeiten sich an ihnen ab? Wie oft arbeiten sich Lehrer an den falschen Haltungen ihrer Schüler ab? Wie oft verwenden Führungskräfte ein großes Maß ihrer Energie darauf, die Haltungen der Mitarbeiter für die Firma oder das Projekt nach vorne zu bringen. Und? Wie oft hast du erlebt, dass sich eine Person mit einer feststehenden Haltung von dieser abbringen ließ?

Und genau darum geht es im Wesentlichen: Produktiv sind wir, wenn es uns gelingt, bestehende Haltungen zu hinterfragen oder wenigstens Denkhorizonte zu erweitern. Die wahre Aufgabenstellung beginnt also bei der dir selbst auferlegten Zielstellung. Wenn du dir vornimmst, eine existierende Haltung zu beeinflussen, wirst du sicher scheitern. Je stärker eine Person ihre Haltung verinnerlicht hat, umso weniger wird sie sie realistischerweise ändern.

Deshalb ist es im Hinblick auf die Wirksamkeit des eigenen Handelns viel schlauer, anders an Haltungen heranzugehen. Egal ob Eltern, Lehrer oder Führungskraft, warum fragen wir uns nicht, wie wir besser mit vorhandenen Haltungen umgehen oder diese managen können? Ich habe festgestellt, dass zunächst eine gewisse Akzeptanz deinerseits helfen kann. Das klingt vielleicht merkwürdig, ist jedoch ein erster wichtiger Schritt. Wenn du eine zum Ausdruck gebrachte Haltung deines Gegenübers erst einmal annimmst und akzeptierst, wirst du dich leichter damit tun, diese Haltung mit einer gewissen Distanz und gegebenenfalls mit etwas zeitlichem Abstand wieder aufzugreifen und mit derjenigen Person daran zu arbeiten.

Wichtig zu wissen ist auch, dass du dich einer Haltung, die beispielsweise ein Mitarbeiter hat, nicht ausgeliefert zu fühlen brauchst. Selbst wenn du dessen Haltung komplett daneben und unmöglich findest, ist und bleibt es zunächst erst einmal die Haltung eines Mitmenschen. Du hast gar keine Not, dessen Haltung zu übernehmen oder ihn gar bezüglich einer vermeintlich besseren Haltung zu korrigieren. Aber Achtung: Viele Führungskräfte, die ich im Verlauf meiner Arbeit in der Erwachsenenbildung kennengelernt habe, hatten das unbedingte Verlangen, die Haltung ihrer Mitarbeiter zu korrigieren, weil sie diese für falsch oder nicht angemessen hielten. Allzu oft versuchen Führungskräfte auch, ihre Mitarbeiter von ihren eigenen Haltungen zu überzeugen und sie gewissermaßen zu bekehren. Was stets dabei herauskommt: Widerstand auf allerhöchstem Niveau. Allerdings nicht jene Art von Widerstand, die als produktiv einzuordnen ist. Sondern eher jene Art von Widerstand, die in Wut oder anderen negativen Emotionen mündet. Es liegt also in erster Linie an dir, wie du selbst Haltung zeigst und mit der Haltung deiner Mitarbeiter umgehst.

Hinter der Haltung eines Menschen stehen, wie oben beschrieben, einzelne Werte oder gar ganze Wertesysteme. Wenn also beispielsweise persönliche Freiheit ein hoher Wert deines Mitarbeiters ist, wird er die Haltung einnehmen, dass entzogene Freiheit für ihn eine Bedrohung darstellt oder gar den kompletten Verlust seiner Freiheit bedeuten könnte. Damit diese Gefahren nicht drohen beziehungsweise das Risiko überschaubar bleibt, wird der betreffende Mitarbeiter dich seine Haltung zu diesem Thema spüren lassen.

Wenn du nun wirkungsvoll intervenieren möchtest, statt nur zu reagieren, besteht der erste Schritt darin, zunächst den Wert hinter der wahrgenommenen Haltung herauszufinden. Sei neugierig und versuche, die Haltung deines Gegenübers klar zu erkennen. Ergründe auch den persönlichen Wert hinter dieser Haltung. Erst dann kannst du die vorgefundene Haltung einordnen und bewerten. Sobald du sie bewerten kannst, kannst du dir Gedanken über den angemessenen Umgang mit der jeweiligen Haltung machen. Du kannst damit beginnen, den Mitarbeiter dazu anzuregen, seine bisher eingenommene Haltung zu überdenken. Im Zweifel wird er sogar in der Lage sein, seine Haltung anzupassen oder in gewisser Weise zu modellieren. Eine Haltung ist niemals so fest, dass sie nicht geändert, aufgegeben und gar durch eine neue ersetzt werden könnte. Allerdings ist der Weg dorthin oft schwierig. Das liegt daran, dass wir mit unseren Haltungen einen Mechanismus entwickelt haben, mit dem wir unser psychisches System regeln. Würden wir gewisse Haltungen nicht haben oder zeigen, wären wir kaum in der Lage, unserem eigenem Wertesystem oder bestimmten Wertevorstellungen in relevanten Situationen schnell Ausdruck zu verleihen.

Stell dir einmal vor, du würdest Respekt als hohen Wert einordnen. Deine daraus resultierende Haltung wäre also in diesem Fall, dass ein respektvoller Umgang zwischen Führungskraft und Mitarbeiter das höchste Gut ist. Im konkret wahrnehmbaren oder spürbaren Verhalten würdest du bei jeder Zuwiderhandlung im höchsten Maß empört oder wütend reagieren. Das führt im Fall einer konsequenten Übertreibung dazu, dass du dich stark auf Gerechtigkeit konzentrierst und deinen Blick nahezu ausschließlich auf dieses Themenfeld richtest. Du würdest deine Haltung und das dahinterstehende

Verhalten womöglich sogar übertreiben oder unangemessen drastisch zum Ausdruck bringen.

Genau hier liegt in der Kombination mit gezieltem Feedback eine Lösungsmöglichkeit. Wenn ein Wert zu einer Haltung und dann zu einem Verhalten wird, kannst du genau diesen Verlauf quasi umgekehrt oder andersherum für dich nutzen. Du nimmst dazu das wahrgenommene Verhalten bewusst wahr, spiegelst es deinem Mitarbeiter und findest mit ihm gemeinsam heraus, welche Haltung und welcher Wert oder welches Wertesystem aus seiner Sicht dahinterstehen. So bist du in der Lage, mit ihm am jeweiligen Verhalten und den dahinterstehenden Motiven zu arbeiten. Du würdigst den identifizierten Wert und begleitest deinen Mitarbeiter dabei, entweder das eigene Verhalten oder eine bestimmte Haltung zu korrigieren. Wenn du häufig oder wiederholt Verhaltensmuster identifizierst, die womöglich schädlich oder destruktiv sind, lohnt sich die Arbeit mit dieser wirkungsvollen Methode umso mehr.

Wenn wir Haltungen beeinflussen wollen, haben wir es also mit einem hochgradig reflexiven Prozess zu tun. Im besten Fall gelingt es dir dabei, dass sich dein Mitarbeiter selbst hinterfragt und aufgrund der gewonnenen Erkenntnisse entscheidet, seine Haltung oder das eigene Verhalten zu ändern. Ebendas führt zu einer enorm wichtigen Erkenntnis: Führungsarbeit ist in hohem Maße Reflexionsarbeit. Dieser Satz ist sehr bedeutsam, denn er steht dem Selbstverständnis von Führungskräften, die sich gerne selbst als Macher sehen, diametral entgegen. Führen ist nicht machen, sondern reflektieren! Erst wenn du in der Lage bist, jederzeit bestimmte Verhaltensweisen oder Ereignisse zu reflektieren, bist du in Bezug auf wirkungsvolle Interventionen handlungsfähig. Du wirst dann Verhaltensmuster bei deinem Mitmenschen erkennen, ihm spiegeln und ihn mit der Denkaufgabe, was zu tun ist, im positiven Sinne konfrontieren können.

Kein leichtes Unterfangen, wenn wir uns vorstellen, dass Führungskräfte sehr häufig mit unzähligen Themen und vor allem mit sich selbst beschäftigt sind. Umso wichtiger also, dass du als leistungsstarke und damit erfolgreiche Führungskraft freie Kapazitäten einplanst, um das Verhalten deiner Mitarbeiter zu beobachten oder zumindest wahrzunehmen. Ebendiese Fähigkeit ist mit hoher Verlässlichkeit diejenige, die bei überdurchschnittlich erfolgreichen Führungskräften den Unterschied macht. Erst wenn du auf hohem Niveau reflektierst und aus den diversen Reflexionen wertvolle Rückschlüsse ziehst, kannst du im Bereich von Führung einen echten Mehrwert generieren. Sieh dir deshalb genau an, wie sich deine Mitarbeiter verhalten. Beobachte sie und nimm wahr, welche typischen oder gar wiederkehrenden Verhaltensmuster du erkennst. Mach dir gegebenenfalls Notizen, um dir die zahlreichen Beobachtungen besser zu merken und einzuordnen.

Du wirst sehen: Deine eigene Wahrnehmung wird sich schärfen und damit wird eine wichtige Führungskompetenz von dir kontinuierlich stärker ausgeprägt. Ziehe dann die nötigen Rückschlüsse aus dem wahrgenommenen Verhalten und beginne, anhand dessen mit dem jeweiligen Mitarbeiter in einen intensiven Dialog einzusteigen. Wichtig dabei ist, dass sich der Mitarbeiter nicht beobachtet oder gar ausspioniert fühlt. Sei offen und transparent, was dein eigenes Verhalten angeht, und gib im Zweifel Einblick in deine Vorgehensweisen als Führungskraft. Beschreibe, warum dir die Reflexion wichtig ist und wie du sie mit ihm gemeinsam nutzen wirst. Je mehr dein Mitarbeiter das Gefühl bekommt, dass ihm die Beobachtung nützt und weiterhilft, umso mehr wird er dir vertrauen und die Beobachtung durch dich als normal empfinden und akzeptieren.

Der nächste Schritt ist dann die gekonnte Verknüpfung mit der praktischen Realität, das heißt der Verweis auf die jeweiligen Auswirkungen auf das Arbeitsverhalten und die erbrachte Leistung. Selbstverständlich geht es nicht nur um Kritik. Im Gegenteil: Es dürfen auch positive Wahrnehmungen und Verhaltensweisen erkannt und gewürdigt werden. Die kontinuierliche und fast schon ritualisierte Reflexion erleichtert den gegenseitigen Umgang und kann hervorragend für optimierende Entwicklung genutzt werden.

Schwierig wird es oft an den Stellen, an welchen es Abweichungen in der Wahrnehmung oder sich stark unterscheidende Haltungen gibt. Hier gilt es, sehr sensibel vorzugehen und sich der erkannten Differenz sanft und dennoch bestimmt zu nähern. Eine Abweichung oder ein Unterschied führt nicht zwingend dazu, dass eine Zusammenarbeit nicht mehr möglich ist. Weichen jedoch eingenommene Haltungen zu häufig voneinander ab, ist eine gegenseitige kritische Prüfung, ob eine gemeinsame Zukunft oder Perspektive sinnvoll ist, notwendig. Es ist wichtig, diese Unterschiede anzusprechen, denn immerhin ist es möglich, dass die jeweilige Haltung überdacht oder korrigiert wird. Ein Abgleich ist nötig, um festzustellen, inwieweit Vorstellungen nah beieinander- oder eben (zu) weit auseinanderliegen.

Je länger ich Unternehmen und Menschen begleitet habe, umso bewusster ist mir geworden, dass sehr weit auseinanderliegende Wertevorstellungen oder -programmierungen auf Dauer eher Schwierigkeiten verursachen, als wirklich nützlich zu sein. Abweichende Meinungen können selbstverständlich gewinnbringend sein, weil sie den Horizont erweitern und andere Sichtweisen einbringen. Hier geht es aber um Vorstellungen, die so weit auseinanderliegen, dass sie in keiner Weise mehr vereinbar sind. Letztendlich ist es dann ein vernünftiger Schritt, auch über die möglichen Konsequenzen gemeinsam nachzudenken. Geht solchen Gedanken eine regelmäßige, konstruktive Reflexion voraus, fällt ein solcher kritisch anmutender Dialog erheblich leichter.

Wir können uns also merken, dass insbesondere die regelmäßige Reflexion und der Austausch über wahrgenommene Verhaltensweisen zu einer produktiven und vertrauensvollen Arbeitskultur beitragen. Kontroverse Haltungen zu diversen Themen können auf der Basis vorausgegangener Reflexion miteinander diskutiert und sogar einander angeglichen werden. Dabei achtest du als Führungskraft darauf, deinen Mitarbeiter zur Selbstreflexion und -analyse anzuregen, statt ihn zu bekehren oder ihm schlicht wieder und wieder eine angeblich schlechte oder gar falsche Haltung vorzuwerfen. Du begibst dich auf eine gewisse Augenhöhe mit dem Mitarbeiter und lässt ihn spüren, dass Werte ein hohes und schützenswertes Gut sind.

Auf diese Weise ermöglichst du eine werteorientierte Zusammenarbeit, in der eben nicht krampfhaft versucht wird, abweichende Haltungen zu beeinflussen. Sondern es entsteht eine vernunftorientierte Kooperation auf einem wertschätzenden und hoch einvernehmlichen Niveau. Hier hat der Grundgedanke des gegenseitigen Respekts ebenso Platz wie die Idee einer aufrichtigen Auseinandersetzung mit unterschiedlichen Haltungen. Wahrhaftig eine Win-win-Situation, die garantiert zu hochwertigen Ergebnissen führt.

4.

Denkmodell für jeden Tag: Das Frame-Impuls-Prinzip

Die Geschichte des Frame-Impuls-Prinzips begann, als ich Trainer wurde. Frisch aus dem Karriereabschnitt als Vertriebsleiter entlassen, bekam ich von meinem damaligen Arbeitgeber eine professionelle Trainerausbildung spendiert. Ganz genau wusste ich allerdings nicht, was mich erwartete und was das für meine weitere Zukunft bedeuten würde. Letztendlich war nach dieser Ausbildung nichts mehr so, wie es vorher gewesen war. Da war eine unfassbar beeindruckende Frau, Heike Berger, die uns in die Künste der Verkaufstrainings einweihte. Wir waren junge, ambitionierte Vertriebsexperten und wussten nur im Ansatz, worum es gehen könnte. Was folgte, war eine der vielleicht besten Grundausbildungen, die ich in meinem Leben absolvieren durfte. Wir lernten, wie Menschen lernen, welche Methoden funktionieren und wie sich ein Trainerleitfaden oder Ablaufplan erstellen lässt. Wir lernten ebenfalls, wie Inhalte aufzubereiten sind, um sie den jeweiligen Zielgruppen methodisch-didaktisch auf hohem Niveau näherzubringen. Ebenfalls lernten wir jede Menge über uns selbst. Wie wir wirken, welche unsere Stärken und vor allem unsere persönlichen, ganz individuellen Optimierungsfelder sind. Zum ersten Mal erhielt ich tiefere Einblicke in die Modelle der Lernpsychologie und erfuhr grundlegendes Wissen über gruppendynamische Prozesse. Auch mit schwierigen Situationen und herausfordernden Teilnehmertypen beschäftigten wir uns, zumindest in der Theorie. Bis dann die Prüfung bevorstand und wir vor einer ausgewählten Jury, bestehend aus Entscheidern und Vorständen unseres Bereichs, unsere jeweils selbst entwickelten Trainingskonzepte präsentierten. Nie war meine Aufregung größer gewesen. Vor der mächtigen Arena eines Bundesliga-Fußballvereins, also vor beeindruckender Kulisse, wurden unsere Prüfungskonzepte in eigens dafür angemieteten Seminarräumen innerhalb des Stadions nacheinander vorgestellt. Kurze Zeit später war nicht nur die Prüfung bestanden, sondern wir waren auch offiziell als professionell ausgebildete Trainer zertifiziert. Voller Stolz ging ich als Teil eines unternehmensinternen Trainerteams an meine ersten Trainingsthemen und -gruppen heran. Wir bearbeiteten überwiegend Verkaufsthemen und übersetzten sie in die Praxis. Meine Kolleginnen und Kollegen und ich waren enorm gut ausgebildet. Das spürten wir an der Resonanz, die wir erhielten. Wir waren engagiert, kreativ und voller Tatendrang, das Erlernte mit großer Freude in unsere Maßnahmen einzubringen.

Mir reichte das allerdings nicht. Nach und nach begann ich, mir Gedanken darüber zu machen, wie ich meine Trainings weiter aufwerten konnte. Ein typisches Muster, das sich durch mein gesamtes Berufsleben zieht: Wenn ich mich für etwas entscheide, hänge ich mich voll rein. Mit großem Enthusiasmus versuchte ich, mich selbst und die Trainings noch besser zu machen. Einen konkreten Anlass gab es zwar nicht, weil die gesammelten Rückmeldungen überdurchschnittlich positiv waren. Dennoch spürte ich, dass meine Trainings wirkungsvoller sein könnten. Ich konnte es noch nicht richtig greifen, aber mir schwebte vor, sie noch vertraulicher, intimer, persönlicher und letztendlich intensiver werden zu lassen. Aber wie? Nach und nach fing ich zu experimentieren an. Zunächst begann ich bei jeder Veranstaltung, meine Teilnehmer sehr persönlich, also mit einem Handschlag, zu begrüßen. Das war zu dieser Zeit gut möglich, weil es sich zumeist um kleinere Gruppen zwischen fünf und zehn Personen handelte. Später kam standardmäßig eine Vereinbarung dazu, die ich zu Beginn des jeweiligen Trainings mit den Teilnehmern schloss. Als Nächstes kamen Süßigkeiten hinzu, die die Teilnehmer, übrigens bis heute, in der Mitte des Raumes vorfinden. In einem weiteren Schritt brachte ich Bücher mit, in denen das jeweilige Trainingsthema behandelt wurde und die ich im Trainingsraum auslegte. Für Praxisübungen und zur Beschäftigung in den Pausen gab es Bälle und andere Gegenstände, einmal sogar eine Klobürste, die ebenfalls in der Mitte des Raumes bereitlagen. Jeder Teilnehmer bekam stets ein ordentliches Namensschild zur individuellen Beschriftung. Immer öfter verzichtete ich auf Tische in den Trainingsräumen und stellte komplett auf Stuhlkreise um. Alles war stets gut vorbereitet und die anwesenden Teilnehmer fühlten sich in der jeweils erschaffenen Lernwelt wohl. Aus teilweise tristen Räumen wurden schöne, angenehme Lernräume. Es war eine wahre Wohltat zu sehen, wie sehr die Teilnehmer es genossen, sich in diesen teilweise mühevoll zurechtgemachten Räumen aufzuhalten. Es gab eine Art besonderer Resonanz, die ich immer wieder erhielt. Diese Resonanz drückte sich in Wertschätzung und hoher Zufriedenheit aus. Sicher: Es waren eine Menge Einzelmaßnahmen nötig, um ein wirklich positiv-anregendes Setting zu bauen. Dennoch ließ mich nie die Frage los, woran es lag, dass mitunter magische Stimmungen, paradoxerweise sogar jenseits der geplanten Agenda, entstanden. Stimmungen von besonderer Intensität und Eindrücklichkeit, die Teilnehmern wie Trainern lange im Gedächtnis blieben. Die Teilnehmer waren in diesen Fällen sehr offen, einlassungsbereit und vertrauensvoll. Das war, so erkannte ich, die beste Voraussetzung für nachhaltiges Lernen, die überhaupt möglich war. Je häufiger ich die aufgezählten Maßnahmen umsetzte und immer mehr zum definierten Standard werden ließ, umso bewusster wurde mir, dass ich mit diesen Maßnahmen stets einen gewissen Rahmen (Frame) erschuf, der dann als perfekte Bühne mein Wirken unterstützte, ja mein Wirken um ein Vielfaches leichter machte. Dieser von mir gesetzte Rahmen, der aus vielen kleinen Einzelkomponenten bestand, machte eindeutig den Unterschied aus. Mit der Zeit wurde mir bewusst, dass es neben meiner stabilen Performance als Trainer ebendieser Rahmen war, der die Teilnehmer in einen speziellen Zustand versetzte. Wie eine magische Wand schuf er einen Raum für das Training, in dem die Teilnehmer sich in höchst motivierte und passionierte Lerner verwandelten. Ein Rahmen, der allen am Lernprozess Beteiligten Sicherheit gab und der über einen langen Zeitraum zur Verfügung stand. Ein Rahmen, der die Teilnehmer beeindruckte, aber nicht erdrückte. Ein Rahmen, in welchem gelernt, gelacht und geweint werden durfte. Noch heute bekomme ich Gänsehaut, wenn ich an manche Trainings zurückdenke. Der dabei aufgebaute Rahmen stabilisierte die komplette Maßnahme, ohne jedoch besonders im Mittelpunkt zu stehen. Er war einfach da und legte seine schützenden Arme um die soziale Gruppe, die sich auf den Weg gemacht hatte, miteinander ein großes Stück zu wachsen.

Die Erkenntnis dieses mächtigen Instruments, das ein geeigneter Rahmen für erfolgreiches Wirken als Führungskraft darstellt, hat meine Arbeit bis heute entscheidend geprägt. Das daraus entwickelte Denkmodell möchte ich im Folgenden mit dir teilen.

Wie baust du einen guten Rahmen für dein Wirken auf?

Unterm Strich dreht es sich immer um eine Frage: Wie kann oder muss ein solcher Rahmen für das eigene Wirken angelegt sein, um bestmögliche Resultate zu erzielen? Dahinter steckt eine weitere Frage: Was brauchen Menschen wirklich, um sich zwar auf der einen Seite wohl und sicher zu fühlen, auf der anderen Seite jedoch zu einem weit überdurchschnittlichen Ergebnis zu gelangen? Welche Inszenierung im wahrsten Sinne des Wortes benötige ich, um andere Menschen wirklich zu erreichen? Was auch immer du mit anderen Menschen, mit deinem Team erreichen möchtest, so beschäftigt dich sicher folgender Gedanke: »Schön, dass das im Training für den Autor funktioniert. Aber was hat das mit mir, meinem Team und meinem Unternehmen zu tun?«. Die Antwort ist ebenso klar wie logisch: alles.

Es geht im Kern bei allem, was wir tun, immer um das Setzen eines passenden, geeigneten Rahmens. Es ist uns nur oft nicht bewusst. Daher berücksichtigen wir diese Tatsache im Alltag auch viel zu wenig.

Wenn du als freundlicher Gastgeber zum Geburtstagskaffee einlädst, erschaffst du einen Rahmen: Du nennst vermutlich eine Uhrzeit, zu der die Kaffeetafel bereitsteht, du lädst deine Gäste mit herzlichen Worten ein und sorgst in deinem Wohnzimmer für eine passende Atmosphäre. Vielleicht stehen Teller und Tassen bereit, das Besteck liegt daneben und du hast Servietten gefaltet. Auf dem Tisch befinden sich Kerzen oder andere Deko-Elemente.

Mancher hat vielleicht Namenskärtchen gebastelt und auf die jeweiligen Plätze verteilt. Du hast Kuchen gebacken oder besorgt. Ein paar zusätzliche Naschereien sind ebenfalls verfügbar. Die Gäste erscheinen und du heißt sie herzlich willkommen. Du führst sie an den Tisch und gibst ihnen Orientierung. Darüber, was sie erwartet und welche Getränke sie zu sich nehmen können. Du stellst die Kuchenauswahl und vielleicht sogar den Produktions- oder Einkaufsverlauf kurz vor. Gästen, die noch nicht bei dir zu Hause waren, erklärst du, wo sie sich frischmachen können. Während des festlichen Beisammenseins sorgst du für gute Stimmung und Gesprächsstoff. Im Hintergrund spielt Musik. Du schenkst nach, wenn die Gäste frische Getränke wünschen, und legst Speisen nach. Am Ende des feierlichen Akts geleitest du die Menschen hinaus und verabschiedest dich wohlwollend. Du äußerst dich über den guten Verlauf und den schönen Nachmittag. Falls es dich interessiert, fragst du nach, wie der Besuch bei dir empfunden und erlebt wurde.

Mit gewissen Abweichungen im einen oder anderen Punkt wirst du dir also gelegentlich Gedanken über deinen persönlichen Rahmen für dein Handeln gemacht haben. Da bin ich sicher. Bei bedeutsamen Feiern wie Hochzeiten, aber auch Trauerfeiern machen wir das ganz bewusst. Wir denken über einen geeigneten Rahmen nach, der zu uns passt und den wir für angemessen halten. Und wir wählen einen Rahmen, bei dem wir das gute Gefühl haben, dass er das beste Resultat liefert – in der Regel eine gute Stimmung und ein erinnerungswürdiges Ereignis, wobei das beste Resultat bei jedem Menschen ganz individuell sein kann. Dem einen ist Gastfreundschaft besonders wichtig, dem anderen das Gefühl, eine sehr gute Zeit mit geliebten Menschen verbracht zu haben. Was wir dabei immer tun: Wir machen uns Gedanken über den Rahmen, den wir für das jeweils beste Ergebnis setzen.

Im beruflichen Kontext beobachte ich darüber hinaus ein weiteres Phänomen: Je besser und professioneller ein Rahmen für die Arbeit des Teams oder des Unternehmens aufgebaut ist, umso eher sind Impulse jeder Art möglich.

In einem starken und belastbaren Rahmen machen Menschen Dinge, die sie teilweise selbst nicht für möglich gehalten hätten. Oder es entstehen Situationen, die wahre Durchbrüche oder Emotions- und Gedankenexplosionen ermöglichen.

Wer sich dieser Tatsache bewusst wird, bekommt ein wirkungsvolles Werkzeug in die Hand. Denn wenn wir Menschen erreichen wollen, brauchen wir nicht nur geeignete Impulse. Wir müssen auch immer über den Rahmen nachdenken, innerhalb dessen Impulse gegeben werden – und genau das steckt hinter dem Frame-Impuls-Prinzip. An dieser Stelle ist vielleicht eine Bemerkung zur Begriffsverwendung angebracht: Zwar spreche ich im Folgenden meistens vom Rahmen; bei der Wahl einer eingängigen Bezeichnung für meinen Ansatz greife ich hingegen gerne auf das aus dem Englischen entliehene Wort Frame zurück. Finde gerne deine eigene, für dich passende Bezeichnung.

Das Frame-Impuls-Prinzip ist ein Ordnungsrahmen, der dein Handeln einfacher macht, weil er dir hilft, die vielen Dinge, die einen erfolgreichen Umgang mit anderen Menschen ausmachen, quasi automatisch richtig zu machen. Im praktischen Tun reduziert sich endlich die Komplexität. Du kannst völlig authentisch und auf höchstem Niveau mit den Menschen, die dir anvertraut sind oder sich dir anvertraut haben, ganz neue Wege gehen.

Wenn du dir den Business-Alltag vieler Unternehmen vor Augen führst, wirst du erkennen, dass er bereits häufig durch Rahmen strukturiert ist. So werden beispielsweise Arbeitsabläufe beziehungsweise sogenannte Workarounds genutzt, um bestimmte Ablaufschritte zu beschreiben. Auf einer höheren Ebene betrachtet, geben auch Unternehmenswerte oder Missionsstatements einen Rahmen vor: in diesen Fällen bezogen auf die Umgangskultur, das gewünschte Verhalten oder übergeordnete Handlungsaufträge. In gewisser Weise definieren gesetzte Rahmen also das Geschehen in Unternehmen und geben Orientierung für Mitarbeitende.

Lass uns gemeinsam in den folgenden Kapiteln entdecken, wie du den Frame oder Rahmen in Verbindung mit hochwirkungsvollen Impulsen im Führungsalltag nutzen kannst – für deinen nachhaltigen Erfolg und höchste Mitarbeiterzufriedenheit.

Der Rahmen und seine Konsequenzen

Jeder Rahmen, den du setzt, hat Konsequenzen. Du wirst vermutlich in den kommenden Wochen und Monaten sehr viel ausprobieren. Der von dir gesetzte Rahmen wird mal zu eng, mal zu weit sein. Manchmal wird er zu voll gepackt oder aber zu spärlich bestückt sein. In jedem Fall wirst du spüren, dass ein Rahmen Wirkung bei allen Beteiligten zeigt. Es ist also wichtig, dass du dich mit allen möglichen Konsequenzen beschäftigst. Doch was sollen das für Konsequenzen sein?

Zunächst einmal wirst du feststellen, wie wichtig es ist, sich mit der Rahmensetzung intensiv zu beschäftigen. Es ist zu definieren, was alles in deinen Rahmen gehört. Du denkst darüber nach, welche Rahmenbedingungen dir und deinen Mitarbeitern helfen, deine gesetzten Ziele zu erreichen. Dafür wiederum wirst du dich erneut mit deinen Zielen beschäftigen. Hierbei geht es um die vollkommene Klarheit, was du wirklich erreichen willst beziehungsweise was am Ende eines solchen Prozesses entstanden sein soll.

Wenn du einen Rahmen aufziehst, versuche stets im Blick zu behalten, was das für deine Mitarbeiter bedeutet. Was muss ein Rahmen erfüllen, damit er Mitarbeiter im positiven Sinne für sich vereinnahmt? In welchem (emotionalen) Zustand befinden sich deine Mitarbeiter als Konsequenz einer Rahmensetzung? Ich empfehle in diesem Zusammenhang, etwas grundsätzlicher über Emotionen oder emotionale Zustände nachzudenken, die Menschen haben können. Das Wissen, wie Menschen grundsätzlich ticken, hilft dir auch hier enorm weiter: Wer in einer bestimmten Situation schnell und sicher handeln möchte, sollte jeden möglichen Zustand erkennen, verstehen und wissen, wie er ihn handhabt.

Hier ein paar Beispiele aus meiner langjährigen Erfahrung, die dir einen guten Überblick geben, welche emotionalen Zustände dich bei einzelnen Mitarbeitern oder Teams als Konsequenz einer Rahmensetzung erwarten:

Frust

Ich beginne bewusst mit einem negativen Beispiel, auf das du vorbereitet sein solltest. Jeder gesetzte Rahmen eröffnet immer die Möglichkeit, dass sich einzelne Menschen in ihm oder mit ihm nicht wohlfühlen und frustriert sind. Dabei gibt es mehrere Frust-Varianten. Es ist möglich, dass ein gesetzter Rahmen generell nicht akzeptiert wird, weil beispielsweise der Freiheitsanspruch eines Mitarbeiters stark ausgeprägt ist. Eine weitere Möglichkeit ist, dass der Mitarbeiter zwar generell den gesetzten Rahmen akzeptiert, jedoch im weiteren Verlauf der Zusammenarbeit feststellt, dass der Rahmen beispielsweise an einigen Stellen zu eng gefasst ist oder weniger Handlungsspielraum lässt als von ihm gewünscht.

In einem konkreten Beispiel beobachtete ich bei einem Mitarbeiter, dass er sich im Gegensatz zu den anderen nicht positiv und freudig verhielt. Für dieses Verhalten gab es jedoch keinen erkennbaren Grund für mich. Der Mitarbeiter zog nicht richtig mit und war vergleichsweise träge. Das überraschte mich deshalb besonders, weil andere Mitarbeiter den Rahmen besonders gut anzunehmen schienen und der Mitarbeiter durchaus als dynamisch bekannt war. Wie sich später herausstellte, empfand er den Rahmen als zu eng. Er war mehr Unabhängigkeit gewohnt und hatte zuvor mehr eigenverantwortliche Entscheidungen treffen dürfen. Der vorhandene Frust wurde zwar nicht explizit zur Sprache gebracht, kam jedoch immer wieder unterschwellig zum Vorschein, was für alle Beteiligten zur Last wurde. Offene Gespräche und die

Klärung des Sachverhaltes trugen zu einer vorübergehenden Verbesserung bei. Letztendlich verließ der Mitarbeiter nach einer gewissen Zeit das Unternehmen jedoch und orientierte sich neu.

Begeisterung

In vielen beruflichen Situationen sorgen die gesetzten Rahmen jedoch für wahre Stürme der Begeisterung. Dies ist insbesondere dann der Fall, wenn es vorher keine entsprechenden Rahmensetzungen gab und nun endlich Klarheit herrscht. In einem konkreten Fall wurde bei einem Mitarbeiter ein wahrer Turbo der Leistungssteigerung gezündet. Manchmal weißt du gar nicht, was diese Begeisterung auslöst, und schreibst sie vielleicht nicht unmittelbar dir und deiner Arbeit oder Vorgehensweise zu. Weil es mich brennend interessierte, hinterfragte ich in diesem Fall den spürbaren Leistungsanstieg des Mitarbeiters und bekam folgende Antwort: »Endlich weiß ich, was von mir erwartet wird und wie ich erfolgreich werde«. Eine Botschaft, die mich stolz machte und in meiner Vorgehensweise bestätigte.

Polarisierung

Es kann passieren, dass ein gesetzter oder klar definierter Rahmen dein Team anfänglich in zwei Lager spaltet. Die einen finden den Rahmen richtig, wichtig und hilfreich. Die anderen finden ihn überflüssig und übertrieben.

Genau dies erlebte ich während einer meiner beruflichen Stationen als junge Führungskraft in der Weiterbildung. Mit einem Rahmen triffst du wahrscheinlich nie den Nerv aller Mitarbeiter. Das wurde mir bewusst und ich entschloss mich, den größtmöglichen gemeinsamen Nenner zu finden. Hierzu bezog ich alle Mitarbeiter aktiv ein und wir verständigten uns auf eine Rahmen-Variante, mit der alle Beteiligten gut leben konnten. Ein Kompromiss hilft in solchen Situationen sehr und kann von dir als Führungskraft gut herausgearbeitet und gehandhabt werden.

Wenn du einen Rahmen setzt, musst du diesen nicht nur gut vorbereiten und anschließend mit den verschiedenen Reaktionen deines Teams zurechtkommen. Deine Aufgabe besteht auch darin, einen gesetzten Rahmen konstant aufrechtzuerhalten. Das kann zu einer wahren Kraft- und Energieleistung werden. Es ist deine Aufgabe als Verantwortlicher für die Rahmensetzung, dass die jeweils definierten Rahmenbedingungen eingehalten werden. Zeige hierbei einerseits Verständnis und versuche zu verstehen, warum gegebenenfalls der Rahmen nicht eingehalten wurde. Sei andererseits konsequent, wenn es darum geht, den aufgestellten Rahmen einzuhalten. Dazu ist es wichtig, immer wieder zu reflektieren und gegebenenfalls zu intervenieren. Du kannst an den Rahmen erinnern, ihn einfordern, auf ihn aufmerksam machen, über daraus entstandene Resultate berichten, ihn verstärken, abmildern oder modellieren. In jedem Fall ist entscheidend, dass du ihn pflegst und aufrechterhältst.

Der absehbare Nutzen ist, dass du eher den Rahmen steuerst, als jede einzelne Aktion oder womöglich jeden Mitarbeiter im Detail zu lenken. Das erlaubt dir, dich um andere wichtige Themen zu kümmern. Diese bringen wiederum dein Team oder deine Mitarbeiter auf das nächste Level.

Eine weitere positive Konsequenz deiner Arbeit mit Rahmen ist, dass du dich selbst besser kennenlernst. Du bist ein wichtiger Bestandteil des gesetzten Rahmens und gewinnst mit jeder Rahmensetzung an Erfahrung. Deine Kompetenz für ein passendes Framing nimmt zu und du entwickelst ein Gespür dafür, welcher Rahmen für welche Aufgabe oder welche Mitarbeiter geeignet ist. Du identifizierst immer wieder Faktoren, die einen Rahmen stärken oder abschwächen können. Sichere dir diese gewonnenen Erkenntnisse und stabilisiere deine Framing-Kompetenz. Jede Erfahrung kannst du auf den gesetzten Rahmen referenzieren und entsprechend analysieren.

Zusätzlich wird das bewusste Framing auch dazu führen, dass du deine Mitarbeiter und dein Team neu kennenlernst. Du wirst beobachten, wie sich Mitarbeiter innerhalb eines Rahmens bewegen und wie sie insgesamt mit den von dir gesetzten Rahmen zurechtkommen.

Hier wird sich die komplette Bandbreite menschlicher Verhaltensmuster zeigen. Drei wiederkehrende Grundmuster, die du in Zusammenhang mit deinem jeweils gesetzten Rahmen beobachten wirst, seien hier kurz genannt:

Flucht

Wenn der Fall eintritt, dass du einen Rahmen (neu) gesetzt hast, werden sich einige Mitarbeiter dafür entscheiden, die Flucht anzutreten. Sie werden sich zurückziehen, um zu warten, was sich daraus ergibt oder was als Nächstes geschieht. Oft beobachte ich bei diesem durchaus typischen Verhaltensmuster, dass Mitarbeitende zunächst versuchen, sich zu distanzieren oder abzuwenden. Die Gründe hierfür können vielfältig sein: Ihnen fehlt der Bezug zum Rahmen, sie haben nicht genug Verständnis, der Rahmen ist für sie ungewohnt, sie fühlen sich damit nicht wohl, sind unsicher oder haben gar Angst vor dem, was kommen wird. Das Fluchtmuster erlaubt einem Mitarbeiter hierbei (zunächst), sich dem Thema nicht stellen zu müssen, und er hat möglicherweise die Hoffnung, dass dieses Thema an ihm vorbeiziehen und ihn nicht betreffen wird.

Totstellen

Das nächste, ebenfalls durchaus häufig festzustellende Verhaltensmuster ist das sogenannte Totstellen. Der Mitarbeiter reagiert in diesem Fall häufig einfach gar nicht, das heißt, er verhält sich nicht zum Rahmen oder reagiert kaum darauf. Er versucht, nicht aufzufallen oder sonst in irgendeiner Form angesprochen zu werden. Auch hier sind die Motive vielfältig: Mitarbeiter sind möglicherweise überfordert und fallen in eine Art Schockstarre. Ihnen fehlen beispielsweise Handlungsoptionen oder passende Bewältigungsstrategien. Gefangen in dem Gedanken, dass sie ohnehin nicht viel tun können, verharren sie in ihrer jeweiligen Position. Oft besteht hier die (unausgesprochene) Erwartung, dass die Führungskraft auf den Mitarbeiter zukommen und für erneute Aktivierung sorgen wird.

Angriff oder Flucht nach vorn

Bei diesem Verhaltensmuster wirst du als Führungskraft wahrnehmen, dass sich dein Mitarbeiter entweder sehr offensiv gegen den Rahmen zur Wehr setzt oder vehement damit beginnt, hektisch oder aktionistisch in die Umsetzung zu kommen. Auch dieses Verhaltensmuster kommt durchaus häufig vor. Die Gründe sind ebenso bunt gemischt wie nachvollziehbar: Der Mitarbeiter kann sich mit dem Rahmen nicht gut arrangieren und wird versuchen, dagegen vorzugehen. Ebenso kann es sein, dass er sich gut damit identifiziert und dir nun voller Begeisterung zeigen möchte, dass er die Kernbotschaften verstanden hat. Der Mitarbeiter möchte dir sein Engagement beweisen und zeigt manchmal übertriebenen Ehrgeiz. Diese Verhaltensmuster-Variante überfordert viele Führungskräfte, weil sie nicht recht wissen, wie sie sich dazu verhalten sollen.

Bei allen drei Grundmustern gilt: Ruhe bewahren und der Ursache auf den Grund gehen. Sprich mit deinem Mitarbeiter und versuche, die Gründe für das jeweilige Verhalten zu verstehen. Trefft dann eine Vereinbarung miteinander, was als Nächstes zu tun ist. Biete aktiv Unterstützung an und versuche, dem Mitarbeiter die Unsicherheit in Bezug auf das skizzierte Rahmengerüst zu nehmen.

Grundsätzlich gilt: Manche Rahmenbedingungen oder Leitplanken sind hilfreich und einige nicht. Wichtig ist, dass du zum absoluten Experten deines Rahmens wirst, damit du alle entstehenden Dynamiken souverän lenken kannst. Dann wird aus dem gesetzten Rahmen ein wirklich mächtiger Gehilfe, der dich in deiner Führungsaufgabe stärkt und dich zu den gewünschten Resultaten führt.

Ein Leben ohne Rahmen ist möglich, aber sinnlos

Selbstverständlich darfst du als Führungskraft entscheiden, ob du einen Rahmen setzt oder nicht. Ebenso darfst du entscheiden, wie du diesen gestaltest. Falls du keinen Rahmen um deine Aufgabe oder deinen Auftrag ziehst, kann es jedoch passieren, dass sich Dynamiken ergeben, die du später womöglich bereust. Aus der Sicht eines Personal- und Persönlichkeitsentwicklers entspricht der Rahmen dem grundsätzlichen Konzept, wie die gewünschten Resultate zu erzielen sind. Wenn ein solches Konzept stimmig ausgearbeitet wird, entstehen üblicherweise eine hohe Mitarbeiterzufriedenheit und eine hohe Mitarbeiterbindung. Da es mittlerweile schwieriger geworden ist, gute neue Mitarbeiter zu finden, fällt gerade der letzten Komponente erhebliche Bedeutung zu.

Deshalb ist es wichtig, sich im Umkehrschluss der Auswirkungen bewusst zu sein, die zu erwarten sind, wenn es eben keinen gesetzten oder abgesteckten Rahmen gibt. Die tatsächlichen Auswirkungen reichen von leichter Irritation über wiederkehrende Verwirrung bis zum totalen Chaos. Die große Bandbreite lässt sicher von Fall zu Fall unterschiedliche Ausprägungen zu. Ebenso können sich die Auswirkungen auf einer Zeitschiene betrachtet sowohl verschlimmern als auch erheblich beschleunigen.

Bestimmt kennst du die Situation, wenn es in einem bestimmten Kontext keine oder so gut wie keine Regeln gibt. Stell dir also beispielsweise eine Sportart vor, in welcher jeder Spieler tun darf, was er möchte. Zunächst wären vermutlich sämtliche Spieler irritiert, spätestens nach ein paar Minuten jedoch würden einige pro-aktive oder dominantere Spieler damit beginnen, das Spiel nach ihren eigenen Regeln zu interpretieren beziehungsweise zu spielen. Wieder andere verlören die Lust und zögen sich zurück. Ein weiterer Teil würde zwar mitspielen, jedoch nur mit halber Kraft.

Woran liegt das? Dahinter stehen verschiedene Phänomene, die wir im Folgenden betrachten. Die erste These betrifft eine Tatsache, die wir nur schwer leugnen können: Das Regelwerk ist der Normalfall. Wir Menschen sind es gewohnt, dass es Regeln oder Gesetze gibt. Zunächst einmal unabhängig davon, ob uns das grundsätzlich gefällt oder nicht. Wir wachsen mit Regeln und damit gesetzten Rahmenbedingungen auf und akzeptieren diese. Oft setzen wir uns damit gar nicht tiefer gehend auseinander, weil die vorherrschenden Rahmenbedingungen eben so sind, wie sie nun einmal sind.

An dieser Stelle möchte ich dringend dazu aufrufen, sich mit existierenden Regeln oder Rahmenbedingungen durchaus kritisch zu beschäftigen und gegebenenfalls dafür zu kämpfen, dass sich diese ändern: Dieser Vorgang nennt sich Demokratie und ist eine wahre Bürgerpflicht.

Wenn nun aber keine Regeln mehr gelten, wird das jeweilige Miteinander zu einer Reise ins Ungewisse. Es gibt in diesem Fall keine Orientierung und niemand weiß, was denn nun erlaubt ist und was nicht. Den daraus resultierenden Zustand als vollkommene Freiheit zu bezeichnen, läge wohl nahe. Allerdings kann das eine hoch bezahlte Freiheit sein. Jeder würde nach seinem eigenen Ermessen agieren und reagieren. Jeder würde das tun, was er für richtig hält, und dabei den anderen komplett vergessen. Es würden sich soziale Gemeinschaften bilden, die ihre Lebensgestaltung nach bestimmten persönlichen Interessen-, Bedürfnis- oder Motivlagen ausrichten würden.

Einige zögen aus diesem hypothetischen Szenario einen hohen Mehrwert oder Nutzen. Andere wiederum wären stark benachteiligt oder blieben sogar komplett auf der Strecke. Doch zurück zu dir als Führungskraft und den möglichen Konsequenzen in deinem Bereich. Stell dir bitte vor, dass deine Mitarbeiter selbst entscheiden dürften, ob sie zur Arbeit erscheinen oder nicht. Außerdem dürften sie komplett frei entscheiden, woran sie arbeiten.

Genauso wäre die Zielstellung beliebig wählbar und es gäbe keine sonstigen Vorgaben. Alles dürfte so ablaufen, wie die Mitarbeiter es sich wünschen.

Sicher gibt es eine große Zahl von Menschen, die mit solchen Freiheiten sehr gut umgehen können und für die solche Freiheitsgrade sogar von Vorteil sind. Sie verfügen über einen hohen Reifegrad und wissen, worum es geht. Sie entfalten sich und nehmen die damit verbundene Chance an, die eigenen idealen Rahmenbedingungen zu erschaffen. Vergleichbare Konzepte gab und gibt es in Unternehmen immer wieder und es wird dabei versucht, herauszufinden, wie sich mehr Freiraum oder weitreichende Selbstbestimmung auf die Produktivität auswirken. Meiner persönlichen Erfahrung nach ist dies durchaus ein ehrenwerter und in gewisser Hinsicht auch lohnenswerter Ansatz. In der finalen Bemessung des jeweiligen Projekterfolgs habe ich sogar mehrfach erlebt, wie solche Pilotprojekte zu erheblich höherer Produktivität führten. Jedoch haben wenige Unternehmen oder Arbeitgeber den Mut, hier auch längerfristig neue Kulturansätze zu etablieren.

In meiner täglichen Arbeit in Unternehmen verschiedenster Branchen – also jenseits von einzelnen Pilotprojekten – beobachte ich, dass sich der weitaus größere Teil der Menschen weniger gut mit einem fehlenden Rahmen zurechtfindet. Hier nehme ich überforderte, gestresste, unsichere oder sogar hilflose Mitarbeiter wahr.

Fehlt der Rahmen, fällt oft auch der Mitarbeiter aus dem Rahmen. Das bedeutet, dass ich in solchen Fällen häufig lebhaft geschildert bekomme, welche Orientierungspunkte schlicht fehlen. Es gibt keine Grundordnung oder kein belastbares Gesamtkonzept. Oft liegt das daran, dass Unternehmen schnell und stark wachsen: Die notwendigen Strukturen und strukturellen Anpassungen werden nicht aufgebaut beziehungsweise vorgenommen und von einem Tag auf den anderen fehlt der besagte Rahmen.

In solchen Fällen kann es sogar zum kompletten Stillstand oder zu erheblichen Rückschlägen kommen. Die Organisation dann wieder aus der jeweiligen Situation zu holen, stellt einen erheblichen Kraftakt dar. Um diese Situation zu vermeiden, dient der Rahmen als wichtiges Hilfsmittel.

Fehlt der Rahmen oder ist dieser nicht mehr zeitgemäß, erwarten dich als Führungskraft potenziell folgende Themen:

(Großzügige) Interpretation
Der Mitarbeiter denkt, dass er weiß, wie er die jeweiligen Rahmenbedingungen zu interpretieren hat. Das wird er bestenfalls nach gutem Wissen und Gewissen tun. Es kann jedoch passieren, dass die stattgefundene Interpretation nicht im Sinne der letztendlichen Ziel- oder Aufgabenstellung ist.

(Gelähmte) Dynamik
Der Mitarbeiter ist unsicher und weiß nicht, wie er entscheiden soll. Bei nur schwach angelegtem oder nicht vorhandenem Rahmen entstehen Situationen, in denen jedoch entschieden oder agiert werden müsste. Es kommt zur Verlangsamung oder gar zur Lähmung der Dynamik, weil letztendlich sogar damit zu rechnen ist, dass niemand entscheidet.

(Weitreichende) Verwirrung
Der Mitarbeiter weiß nicht, woran er ist und wonach er sich zu richten hat. Es fehlen Anhaltspunkte oder eine klare Maßgabe. In dieser Verwirrung werden immer wieder Dinge begonnen, jedoch nicht zu Ende geführt. Zusätzlich entsteht ein beträchtlicher Mehraufwand, weil es keine gute Abstimmung und keine klaren Zuordnungen gibt.

(Situative) Verweigerung

Der Mitarbeiter fühlt sich ob des fehlenden Rahmens im Stich gelassen. Er befindet sich in einem unangenehmen Schwebezustand und versucht, sein eigenes »Überleben« zu sichern. Nach besten Kräften versucht er, sprichwörtlich den Kopf über Wasser zu halten. Das fällt ihm zunehmend schwer und er beginnt, sich in gewisser Weise zu verweigern. Er wird beispielsweise eigenmächtig entscheiden, welche Themen oder Aufgaben erledigt werden und welche liegen bleiben. Es findet eine zunehmende Verweigerung statt, die anfangs häufig nicht bemerkt wird oder nicht richtig eingeordnet werden kann.

(Lautstarke) Rebellion

Der Mitarbeiter bemerkt, dass etwas nicht stimmt. Er entwickelt eigene Lösungsstrategien und beginnt aufzubegehren. Mehr oder weniger lautstark wird er rebellieren und (notwendige) Veränderungen oder Anpassungen fordern. Der Mitarbeiter befindet sich im maximal möglichen Widerstand und sorgt dafür, dass Missstände öffentlich werden.

Unter dem Strich lautet die zusammenfassende Erkenntnis also: Sorge für einen hochwertigen Rahmen, damit dir genannte Situationen oder Phänomene nicht passieren. Keinen Rahmen zu setzen, ist nahezu sinnlos, weil sich in den entstehenden Eigendynamiken erheblicher Zündstoff bildet, der weder zu den gewünschten Resultaten noch zu hoch zufriedenen Mitarbeitern führt.

Der fehlende Rahmen gibt Mitarbeitern das Gefühl, im Stich gelassen zu werden und ungesteuert durch das Business-Universum zu irren. Diesem Gefühl folgen häufig Frustration oder Demotivation. Beide Faktoren sind nicht empfehlenswert, wenn du in deinem Unternehmen großen Wert auf leistungsfähige Mitarbeiter legst.

»

Gestalte deinen Rahmen, damit sich keiner im Stich gelassen fühlt oder den falschen Dingen nachläuft.

«

Ein letzter Vergleich kann helfen, die fatalen Folgen eines fehlenden Rahmens zu erfassen: Stell dir ein Familienleben vor, in dem es keinen Zusammenhalt, keine gemeinsame Gestaltung, kein starkes Miteinander, keine Regeln, keine Vorgaben und keine sozialen Aktivitäten gibt. Jeder würde nur auf sich selbst achten und seiner eigenen Überlebensstrategie folgen. Die individuelle Lebensgestaltung würde jedes Familienmitglied selbst für sich organisieren. Es gäbe kaum Berührungspunkte oder Gelegenheiten, sich miteinander auszutauschen. Keiner würde sich um die übergeordnete Regelung des Familienlebens kümmern und jeder würde in gewisser Weise vor sich hinvegetieren. Das Gleiche kannst du dir auch im Teamkontext vorstellen: Stell dir vor, dein Team übernimmt ein neues Projekt, das agiles, dynamisches Arbeiten erfordert. Stattdessen werkelt jeder vor sich hin, es gibt keine oder nur wenige Absprachen, keinen informellen Austausch, und es fehlt an gegenseitiger Rücksichtnahme und Verständnis. Vielleicht ein drastisches oder gar unrealistisches Bild, wirst du nun denken. Jedoch kann dir das womöglich überzeichnete Bild helfen, deine Entscheidung als Führungskraft zu treffen. Willst du das Leben deiner Mitarbeiter aktiv und positiv mitgestalten oder sollen die Mitarbeiter im offensichtlichen Chaos versinken?

Du triffst die finale Entscheidung und darfst dich somit als aktiver Gestalter deines Arbeitsumfeldes verstehen. Nutze die Chance.

Eins plus mit Sternchen: Der perfekte Rahmen

Stell dir ein berühmtes altes Gemälde wie Leonardo da Vincis »Mona Lisa« oder Vincent van Goghs »Sonnenblumen« vor, die jährlich Tausende von Besuchern in die Museen locken. Nun stell dir vor, wie ein Rahmen aus verschmutzten alten Holzplanken mit rostigen Nägeln um ein solches Werk herum befestigt wird. Selbst wenn du, wie ich, kein Kunstexperte bist, wird dir bei dieser Vorstellung vermutlich kurz der Atem stocken. Sicher ist es Geschmackssache, welcher Rahmen zu welchem Bild besonders gut passt oder stimmig erscheint. Jedoch wird der Maßstab immer sein, ob ein Kunstwerk durch den Rahmen eher wertvoller und ansehnlicher wird oder ob es dadurch seine augenscheinliche Strahlkraft verliert.

Deswegen ist es umso wichtiger, mögliche Rahmenarten und den in gewisser Hinsicht optimalen Rahmen genauer zu betrachten. Hierbei geht es um die Frage, was einen guten Rahmen kennzeichnet und welche Faktoren dafür sorgen, dass der gesetzte Rahmen stabil ist. Der gute oder sogar perfekte Rahmen ist übergeordnet an folgenden Faktoren erkennbar:

Orientierung

Ein Rahmen schenkt deinen Mitarbeitern Orientierung. Das bedeutet in deine Praxis übersetzt, dass innerhalb des Rahmens erkennbar ist, wo die Reise hingeht und welche Reiseroute befolgt wird. Deine Mitarbeiter wissen also, worauf sie sich einlassen und was sie erwartet. Insbesondere der Punkt »Erwartungen« wird von verantwortlichen Führungskräften immer wieder unterschätzt. Die Frage, was gewünscht oder gefordert ist, ist erfahrungsgemäß der größte Treiber für eine gute oder sogar vorbildliche Orientierung, die du deinen Mitarbeitern gibst. Sag ihnen, was du von ihnen erwartest und was sie tun können, um die gewünschten Erwartungen zu erfüllen. Jeder einzelne Mitarbeiter befindet sich üblicherweise in der nachvollziehbaren Situation, die an ihn gestellten Erwartungen mindestens erfüllen zu wollen, um dafür die angemessene Anerkennung zu erhalten. Jeder Mensch sucht nach Orientierung und darf diese insbesondere von seinen jeweiligen Führungskräften erwarten.

Sicherheit

Der gesetzte Rahmen gibt deinem Mitarbeiter Sicherheit. Innerhalb des definierten Rahmens darf er sich wohl und geborgen fühlen. Der Mitarbeiter weiß, dass ihm nichts zustoßen und dass ihm kein Schaden zugefügt wird, weil das Miteinander bestimmten Regeln folgt. Das lässt ihn befreit und ohne Angst agieren. Ist der Rahmen durch permanenten Druck oder zu hohe Anforderungen gekennzeichnet, fühlen sich Mitarbeiter häufig in ihrer Gesundheit oder gar ihrer Existenz bedroht. Das gilt es in jedem Fall zu verhindern. Die verlässliche Sicherheit, die du mittels des gesetzten Rahmens ausdrücken kannst, stützt und stärkt die Leistungsinitiative und die Zufriedenheit deiner Mitarbeiter.

Perspektive

Wir Menschen beziehen uns auf drei unterschiedliche Zeitachsen: die Vergangenheit, die Gegenwart und die Zukunft. Je mehr wir über die Zukunft und die damit verbundenen Perspektiven wissen, umso mehr ruhen wir in uns und können uns auf Rahmenbedingungen einlassen. Der Mitarbeiter weiß, was auf ihn zukommt, und verbindet seinen geleisteten Einsatz mit einer Perspektive. Auch hier kann es sehr unterschiedliche Motivlandschaften geben: Ein Teil der Mitarbeiter legt Wert auf einen sicheren und zukunftsfähigen Arbeitsplatz, ein anderer Teil wünscht sich gute Entwicklungsperspektiven, während wieder andere daran interessiert sind, einen Sinn in der ausgeübten Tätigkeit zu sehen.

Struktur

Das menschliche Gehirn sortiert und strukturiert alles automatisch. Es sehnt sich sozusagen nach Ordnung und Struktur. Der perfekte Rahmen erfüllt genau diesen Anspruch. Zugehörige Themen sind gut geordnet, klar strukturiert und zweifelsfrei abgegrenzt. Gerade in weniger ordentlich abgegrenzten Bereichen oder Gebieten entstehen häufig Grundsatzfragen, die eine Leistungs- oder Ergebniserwartung beträchtlich hemmen. Je klarer also innerhalb des skizzierten Rahmens Ordnung und Struktur angeboten werden, umso eher können sich Mitarbeiter auf ihre Arbeit konzentrieren.

Freiheit

Der unabhängige Mensch sucht, neben aller Sehnsucht nach Struktur, auch Möglichkeiten zur freien Entfaltung. Er möchte in einem gewissen Umfang frei schalten und entscheiden und sich kreativ entfalten dürfen. Genau dieser Faktor wird häufig unterschätzt oder als erheblicher Gegensatz zu starr vorgegebenen Strukturen empfunden. Deshalb ist es umso wichtiger für dich als Rahmen gebende Führungskraft, die richtige Balance aus vorgegebenen Struktur- und freien Gestaltungselementen zu finden. Damit auf der einen Seite die Unabhängigkeit der individuellen Persönlichkeit nicht zu kurz kommt und andererseits ein gewisser Rahmen eingehalten wird.

Rahmenbedingungen

Neben den grundlegenden Faktoren (Orientierung, Sicherheit, Perspektive, Struktur, Freiheit) können folgende beispielhafte Rahmenbedingungen hilfreich sein, wenn sie entsprechend bekannt sind:

Ziele und Resultate

Eine gut aufgestellte Führungskraft ist sich der gewünschten oder erwarteten Resultate bewusst, um diese dann an die Mitarbeiter weiterzugeben beziehungsweise auf das Team oder die Teams herunterzubrechen. Klare Ziel- und Aufgabenstellungen unterstützen die Handlungsfähigkeit des Einzelnen: Mitarbeiter wissen dann, was zu tun ist. Sie tragen ebenfalls dazu bei, deinem Mitarbeiter mögliche Zusammenhänge zu erklären und seinen Wertschöpfungsbeitrag im Gesamtkontext zu beschreiben. Dadurch kann sich der Mitarbeiter in hohem Maß identifizieren und kennt seine Relevanz für das Unternehmen.

Zeithorizonte und Meilensteine

Wenn möglich und verfügbar, helfen deinem Mitarbeiter grob definierte Zeitangaben für zu erfüllende Aufträge oder Aufgaben. Je nach Branche oder Bereich gibt es sogar sehr konkrete und feste Vorgaben, was in welcher Zeit zu erledigen ist. Klarheit und Transparenz helfen an dieser Stelle, ein gut abgestimmtes Miteinander zu organisieren. Für übergeordnete Themenbereiche helfen Angaben oder Informationen zu etwaigen Planungen oder Meilensteinen, die sich ein System oder eine Organisation zum Ziel nimmt.

Vorgehensweise und Gestaltung

Je nach Aufgabe oder Auftrag gibt es verschiedene Wege, diese oder diesen zu erfüllen. Je mehr Freiraum in Bezug auf die Gestaltung eingeräumt werden kann, umso mehr freuen sich gerade unabhängige und eigenständige Mitarbeiter. Oft werden Vorgehensweisen empfohlen oder sogar vorgeschrieben. Falls das bei dir zutrifft, ist eine regelmäßige und transparente Informationspolitik ein wichtiges Erfolgskriterium.

Beteiligte und Schnittstellen

Die gute Kenntnis über Beteiligte im Prozess und mögliche Schnittstellen hilft dabei, sich gut zurechtzufinden. Je mehr du also in der Lage bist, ein konstruktives Netzwerk aufzubauen, umso eher wirst du als Führungskraft einen wahrnehmbaren Wertbeitrag leisten. Gib Einblick in Strukturen und Zusammenhänge, damit diese entsprechend genutzt oder in Prozesse eingebunden werden können.

Hilfsmittel und Unterstützung

Für jede Aufgabe gibt es wertvolle Hilfsmittel, die bei der Umsetzung helfen oder die Arbeit erleichtern. Es ist deine Aufgabe als Führungskraft, dafür zu sorgen, dass entsprechende Hilfsmittel oder Unterstützungsangebote zur Verfügung stehen. Hierdurch werden deine Mitarbeiter entlastet und können sich mit noch größerer Energie auf ihre Kernaufgaben konzentrieren. Wenn die vorhandenen Hilfsmittel nicht ausreichend sind, setze dich dafür ein, dass Alternativen gesucht und gefunden werden.

Kennzahlen und Berichterstattung

Das Wissen um relevante Kennzahlen und vorhandene Berichtswege ist ein wesentlicher Bestandteil der Arbeitsgestaltung. Hier ist eine hohe Transparenz hilfreich und kann sogar sehr erheblich zur Motivation beitragen. Wenn beispielsweise bestimmte Kennzahlen erreicht wurden, stärkt das die Dynamik und das Gemeinschaftsgefühl in deinem Team. Ebenso wichtig ist, dass entsprechende Resultate an relevante Stellen berichtet und übermittelt werden. Im optimalen Fall können auf diese Weise Würdigung und Wertschätzung für die erbrachten Leistungen der betreffenden Mitarbeiter zum Ausdruck gebracht werden.

Probleme und Engpässe

Sollten Probleme auftreten oder Schwierigkeiten entstehen, ist es wichtig, dass Mitarbeiter eine Anlaufstelle haben. Hier finden sie ein offenes Ohr und werden hinreichend ernst genommen. Der Mitarbeiter fühlt sich unterstützt und gut begleitet. Probleme werden aktiv gelöst und konstruktive Lösungswege entwickelt. Zusätzlich kann es sehr hilfreich sein, einen Eskalationsweg zu definieren, der Mitarbeitenden aufzeigt, wie in besonders schwierigen Situationen zu verfahren ist oder wer im Extremfall hinter ihnen steht.

Berücksichtigst du diese Faktoren, entsteht ein stimmiges, ganzheitliches Führungskonzept, welches durch einen guten und produktiven Rahmen gekennzeichnet ist.

Die Vereinbarung als Kirsche auf der Sahnetorte

Das meiner Erfahrung nach wichtigste Element einer gelingenden Rahmensetzung ist die Vereinbarung in Bezug auf das zwischenmenschliche Miteinander: Wie gehen wir miteinander um, wo wollen wir gemeinsam hin, was ist erlaubt und wo liegen unsere persönlichen Grenzen? Gerne sparen Führungskräfte hier Zeit zur Klärung oder verzichten gar komplett darauf. Aus meiner Sicht ist das jedoch ein kapitaler Fehler, weil gerade in diesem Bereich die größten Chancen liegen, wirkungsvoll zu führen und entscheidende Impulse zu setzen.

Gemeint sind hier absolute Grundlagen wie die gelebte Umgangs- und Kommunikationskultur oder allgemeine Rahmenbedingungen für das soziale Miteinander. Diese Kultur beschreibt das Miteinander zwischen dir als Führungskraft und deinem Mitarbeiter und zwischen den Mitarbeitern innerhalb deines Teams. In der täglichen Praxis arbeite ich gerne mit dem Begriff Vereinbarung. Regeln und Gesetze sind als Begriffe ebenfalls denkbar, haben jedoch häufig einen negativen Anstrich.

Konkrete Vereinbarungen innerhalb deines gesetzten Rahmens ermöglichen dir, für eine bestimmte Atmosphäre zu sorgen. Du erschaffst damit genau die Grundstimmung, die ein höchst produktives Umfeld braucht, um die besten Resultate hervorzubringen. Stell dir einmal ein Team vor, in dem nicht geregelt ist, wie miteinander umgegangen wird. Ein Team, in dem wenig gesprochen wird, dessen Mitglieder sich wenig umeinander kümmern, sich nicht gegenseitig unterstützen oder füreinander einstehen. Dieses Team lebt von einer zufällig entstehenden Kultur, die keinesfalls positiv oder gar produktiv ist. Keiner weiß, welche Arten des Umgangs erwünscht sind oder sogar gemeinsam beschlossen wurden. Und keiner weiß darüber Bescheid, was der andere beizusteuern bereit ist. Es entsteht kein oder kaum Commitment, also keine dezidierte Willenserklärung zu den gemeinsamen Zielstellungen oder den zu lösenden Herausforderungen.

Genau deshalb widme ich diesem Thema ein eigenes Kapitel. Die hohe Kunst besteht darin, sich darauf zu verständigen, was für alle Beteiligten gut, wichtig und hilfreich ist. Um gemeinsam zu arbeiten, sehr gut miteinander zurechtzukommen und entsprechend erfolgreich zu sein.

Die Grundsatzfrage und damit Hauptaufgabe ist also, wie du es schaffst, aus mehreren Individuen eine eingeschworene Gemeinschaft zu formen. Ein beeindruckendes Team, welches sich gemeinsam auf den Weg macht, um nach Höherem zu streben. Es geht um einen Schulterschluss, den Menschen miteinander zu schließen in der Lage sind. Deine Mitarbeiter wissen dann, worauf sie sich verlassen können und aus welchen Dynamiken in schwierigen Situationen Kraft entsteht.

Wenn ich an meine Arbeit mit Erwachsenen zurückdenke, kommen mir viele Situationen in den Sinn, in denen innerhalb eines erfolgreich gesetzten Rahmens geradezu magische Momente entstehen konnten. Weil der Rahmen so stabil und sicher war, dass sich die Frage nach mangelndem Vertrauen oder womöglich missbräuchlicher Nutzung von brisanten Informationen niemals stellte, entwickelte sich unter den Teilnehmern eine besondere Form der Offenheit und Einlassungsbereitschaft. In solchen Situationen werden Verbindungen schlicht zu Herzensangelegenheiten. Es ist dann auch möglich, aus einer Gruppe relativ weit voneinander entfernter Personen eine stabile Gemeinschaft zu schmieden, die gegen jede äußere Einwirkung gewappnet und trotz schwierigster Einflüsse leistungsfähig ist.

Wenn durch deinen Rahmen die folgenden drei Fragen beantwortet werden, bist du schon einen großen Schritt weiter:

1. Was braucht das Team, um über sich hinauszuwachsen?
2. Was braucht jeder Einzelne, um sich maximal zu entfalten?
3. Was brauchen wir für unsere Aufgabe, um in die höchste Performance zu kommen?

Möglicherweise denkst du jetzt: Muss es denn immer höher, schneller, weiter sein? Meine Antwort ist: Nein. Aber in diesen vielleicht hochtrabend klingenden Fragen stecken tatsächlich jene Kriterien, die normale Teams von Spit-

»

Ein guter Rahmen schafft magische Momente voll Vertrauen, Loyalität und Herzensnähe.

«

zenteams unterscheiden. Es geht nicht darum, Mitarbeiter durch Druck zu höchster Leistung anzutreiben und auf diese Weise womöglich auszubeuten. Ganz im Gegenteil: Sind die oben genannten Basisfaktoren erfüllt, werden die freiwillig definierten Verhaltensanforderungen auch eigenmotiviert umgesetzt. Ohne jeden Druck von außen.

Um diese Mechanik zu verstehen, können uns Motivationstheorien weiterhelfen: Mal angenommen, der Mensch würde über erbrachte Leistung, ausgeübte Macht beziehungsweise vorhandene Machtbefugnisse oder sozialen Anschluss motiviert – wie wären dann die jeweiligen Prinzipien innerhalb des von dir als Führungskraft gesetzten Rahmens umzusetzen?

Leistung

Immer wieder erlebe ich, wie leistungsfähig Mitarbeiter sind und wie wichtig es für sie ist, über die von ihnen erbrachte Leistung wahrgenommen zu werden. Es scheint also wichtig, dass wir ein gemeinsames Leistungsverständnis definieren. In meinen Führungsverantwortungen habe ich dazu weitreichende Vereinbarungen geschlossen oder schließen lassen. Dabei definieren alle Mitarbeiter zunächst, was für sie Leistung ist. In einem zweiten Schritt wird dann herausgefunden, wie es sich anfühlt, wenn eine Leistung erbracht wurde, und inwieweit jeder Einzelne sich wünscht, dafür eine Würdigung oder Anerkennung zu erhalten. Ist das geklärt, kannst du mit den Mitarbeitern darüber sprechen und mit ihnen vereinbaren, wie eine dazu passende Willenserklärung aussieht. Diese wird gemeinschaftlich beschlossen und verabschiedet. Beispielhafte Aussagen klingen dann so: »Wir geben immer hundert Prozent«, »Wir geben als Team alles« oder »Wir wollen als Team über uns hinauswachsen«. Sicher kannst du dir sehr gut vorstellen, wie sich solche Botschaften auf die Dynamik in einer Gruppe auswirken.

Macht

Das Wort Macht ist meiner Erfahrung nach häufig negativ besetzt. Deshalb spreche ich im beruflichen Kontext eher über Einflussnahme. Die entscheidende Frage, die sich in diesem Zusammenhang stellt, ist die nach den jeweiligen Einflussmöglichkeiten. Wie kann und will ich Einfluss darauf nehmen, die besten Resultate zu erzielen? Sind solche Einflussfaktoren identifiziert, können diese ebenfalls gemeinschaftlich beschlossen und verabschiedet werden. Diese klingen dann praktisch nach klaren Handlungsprämissen, für die sich die Mitarbeiter und das Team entscheiden, wie zum Beispiel: »Wir geben uns jederzeit offenes und ehrliches Feedback«, »Wir unterstützen uns in schwierigen Situationen und stehen füreinander ein«, »Wir nehmen direkt Einfluss auf unsere Leistung, indem wir gemeinsam nach Lösungen suchen« oder »Wir bleiben nicht stehen, sondern wir entwickeln uns kontinuierlich weiter«. Solche substanziellen Botschaften öffnen Tür und Tor für weitere Schritte in Richtung produktiver Impulsgebung.

Sozialer Anschluss

Das soziale Motiv, wie ich es gerne nenne, steht ebenfalls ziemlich weit oben in der Motivhierarchie der Menschen. Wenn du also die gemeinsame Zeit, die Mitarbeiter täglich miteinander verbringen, in einen harmonischen und menschenorientierten Rahmen packst, beflügelt das deine Mitarbeiter. Hierbei geht es im Kern um manchmal selbstverständlich klingende Vereinbarungen. Diese zielen stark auf den Gemeinschaftsgeist und das soziale Gefüge, das ein Team auszeichnet. Klassische Beispiele, die in der Praxis genannt werden, klingen wie folgt: »Wir vertrauen uns und begegnen uns jederzeit mit dem höchsten Respekt«, »Wir setzen uns für den anderen ein«, »Wir sehen konstruktive Kritik als Chance« oder »Wir gehen gemeinsam durch dick und dünn«. Wenn diese tief emotionalen Botschaften ausgesprochen und formalisiert werden, erreichen berufliche Beziehungen oft eine völlig neue Qualität.

Hast du nun in allen Bereichen deine jeweiligen Botschaften in der gesamten Runde deiner Mitarbeiter in den Rahmen eingeschlossen und beschworen, kann dieser aufgebaute Rahmen vollständig genutzt werden, wenn es darauf ankommt.

Dabei ist wichtig, zu verstehen, dass du als Führungskraft diesen Prozess moderierst und dich dafür verantwortlich fühlst. Ergreife die Initiative und bringe diese Themen als Angebote zu den Menschen. Erkläre ihnen, was für dich dahintersteckt und warum du solche grundsätzlichen Vereinbarungen für enorm wichtig hältst. Solche Meetings finden ausschließlich mit allen Mitarbeiterinnen und Mitarbeitern statt, weil die grundlegenden Punkte von allen zu legitimieren sind. Gib hier keine Punkte vor, sondern erarbeite jeden einzelnen Punkt (im Zweifel Wort für Wort) mit dem gesamten Team. Es handelt sich hierbei schließlich nicht um nutzlose Lippenbekenntnisse, sondern um das zukünftige Grundgesetz für diese Gruppe. Der klare Nutzen eines eindeutig geregelten Umgangs steht dabei klar im Mittelpunkt.

Sind solche Leitsätze erarbeitet, kann die produktive Arbeit beginnen und die Grundsätze können in der Praxis erprobt werden.

Ein weiterer Mehrwert für dich: Du kannst jederzeit daran erinnern und deine Mitarbeiter in die Verantwortung nehmen. Andersherum selbstverständlich genauso. Sei ein verlässlicher Teil solcher verbindlichen Verabredungen und lass dich nach den gleichen Maßstäben in die Pflicht nehmen. Erst dann wird die gewünschte Dynamik in Gang gesetzt und führt zu den erwarteten Umsetzungserfolgen.

Um eine höhere Verbindlichkeit zu erzeugen, lade ich Teams gerne dazu ein, die getroffenen und in Schriftform erstellten Vereinbarungen zu unterschreiben. Außerdem verteile ich die entsprechenden Unterlagen im Team oder hänge die Vereinbarung sogar großformatig an einem Ort aus, an dem sich das Team regelmäßig aufhält. Auch wenn neue Mitarbeiter ins Team kommen, profitieren beide Seiten davon, wenn die neuen Teammitglieder im Sinne der Vereinbarung gebrieft werden.

Der Rahmen und seine Synonyme

Um das Konstrukt Rahmen oder Frame noch schärfer zu zeichnen, lohnt sich ein Blick auf semantisch verwandte Begriffe. Ein Rahmen kann beispielsweise eine Art Leitlinie sein. Entlang dieser Linie sind Leitplanken definiert, innerhalb derer man sich bewegen darf. Der Grundgedanke ist hierbei aus meiner Perspektive das Leiten, welches auch als Anleiten oder In-die-richtige-Richtung-Führen übersetzt werden kann. Leitlinien geben Orientierung und sind gut geeignet, um die gewünschte Linie, die zu verfolgen ist, zu beschreiben.

In diesem Sinne könnte der Rahmen auch als Orientierungshilfe verstanden werden. Mitarbeitern eine konkrete Hilfestellung zu geben, ergibt sicher Sinn, wenn eine Hilfebedürftigkeit festzustellen ist. Da ich generell Mitarbeitern im Vorfeld nicht unterstelle, Hilfe zu benötigen, empfinde ich den Begriff der Orientierungshilfe in unserem Kontext der Rahmensetzung allerdings als nicht passend, auch wenn wir als Führungskräfte in der Rahmensetzung sicher aktiv Orientierung geben sollen und dürfen.

Ein Rahmen kann auch als Grundordnung übersetzt werden. Innerhalb eines sozialen Systems oder Gefüges (= Team) gilt stets eine gewisse Grundordnung, an der sich die involvierten Personen orientieren. In dieser Definition steht der Gedanke der Ordnung an erster Stelle. Es wird etwas geordnet, was sonst schnell chaotisch oder unübersichtlich werden könnte. Und es wird von Grund auf sortiert beziehungsweise angeordnet. Das heißt, es werden bestehende Parameter oder vorhandene Kriterien berücksichtigt und in sämtliche Überlegungen für die Rahmensetzung miteinbezogen.

Etwas expliziter kann ein Rahmen auch als geltendes Regelwerk übersetzt werden. Da Regeln allerdings üblicherweise eher als limitierend empfunden werden, ist der Einsatz eines solchen Begriffs in Zusammenhang mit Mitarbeitern sicher sorgfältig zu prüfen. Was jedoch der Grundbotschaft gar nicht abträglich sein muss: Es geht um bestimmte Regeln, die definiert werden, um das soziale Miteinander zu klären und ein gewünschtes Resultat zu erreichen. Dennoch ist Vorsicht geboten: Mit dem Regel-Begriff verbinden viele die gelernte Idee von Strafe oder Bestrafung: Wer sich nicht an Regeln hält, wird unweigerlich bestraft.

Eine weitere Möglichkeit, den Rahmen zu umschreiben, ist die Vereinbarung, die zwischen Menschen geschlossen wird. Diesen Begriff nutze ich im Bereich der Weiterbildung sehr gerne, weil es hier häufiger um einen kürzer angelegten Zeitraum geht, für dessen Dauer untereinander etwas vereinbart wird. Für die Führungsarbeit ist mir dieser Begriff jedoch zu schwach, weil es ja bekanntermaßen um eine längerfristige Initiative geht, für die ein Rahmen skizziert wird. Eher verstehe ich, wie oben beschrieben, Vereinbarungen als überaus wichtige Teilelemente eines stabilen Rahmens. In diesem Sinne habe ich Vereinbarungen zum sozialen Miteinander oben auch als »Kirsche auf der Sahnetorte« bezeichnet, um ihre herausgehobene Bedeutung für meine Arbeit zu unterstreichen.

Der Rahmen könnte mit einer gewissen Übertreibung auch als Gesetz oder Gesetzgebung verstanden und wahrgenommen werden. Mit dieser Begrifflichkeit bin ich jedoch vorsichtig, weil wir alle täglich mit Gesetzen zu tun haben und damit konfrontiert werden. Dem eigentlichen Zweck des erschaffenen Rahmens kann das insoweit zuwiderlaufen, als Gesetze auch zu überwachen sind. Im Kontext eines angestrebten produktiven Miteinanders ist die Vorstellung eines Gesetzeshüters jedoch nicht angemessen (und nicht zu verwechseln mit der oben beschriebenen Aufgabe als Führungskraft, gegebenenfalls an die Einhaltung gemeinsamer Vereinbarungen zu erinnern).

Aus rein technischer Sicht lässt sich der Rahmen oder Frame sicher gut mit folgenden Synonymen beschreiben:

- Konstrukt,
- Gerüst,
- Umzäunung,
- Markierung.

Diese Begriffe machen aus meiner Sicht klar, dass es um Rahmenbedingungen geht, die auf der einen Seite etwas begrenzen und auf der anderen Seite genug Platz für freie Entfaltung bieten. Sie schaffen ein wirkungsvolles Konstrukt, das gesehen und wahrgenommen wird und das, wenn es darauf ankommt, Schutz, Sicherheit und Klarheit bietet.

Bei dieser Gelegenheit sei darauf hingewiesen, dass eine gut reflektierte Rhetorik im Sinne der sorgfältigen Wortwahl in der Führungsaufgabe enorm hilfreich ist. Wähle deine Worte weise und entscheide, gerade bei sehr grundsätzlichen Themen, genau, wie du deine Inhalte benennst oder betitelst.

Mit manchem gewählten Wort wird auch psychologisch eine Verknüpfung entstehen, die dir später zugutekommen oder aber echte Schwierigkeiten bereiten kann.

In die Karten schauen

Der geheimnisvolle Zauberer verrät seine Zaubertricks nie. Eine Aussage, die ich immer wieder höre, wenn Zauberer danach gefragt werden, wie sie dieses oder jenes gemacht haben. Diese Begründung ist durchaus nachvollziehbar, wenn es darum geht, ein wohlbehütetes Berufsgeheimnis zu schützen. Schließlich sollen und wollen die faszinierten Zuschauer ja auch in Zukunft überrascht werden, wenn sie bestimmte Zaubertricks erneut vorgeführt bekommen.

Auf der Business-Bühne habe ich lange Zeit erlebt, dass Führungskräfte ebenfalls sehr häufig nicht verraten, wie sie vorgehen und warum sie bestimmte Dinge tun. Mir sind unzählige Beispiele in Erinnerung, wie wirklich tolle Strategien aufgebaut wurden, diese jedoch nicht oder nur teilweise an die betreffenden Mitarbeiter übermittelt wurden. Für mich ein guter Anlass, um darüber nachzudenken, woran das liegt oder was wohl hinter dieser Vorgehensweise stecken könnte.

Sicher ist die Führungskraft im direkten Vergleich häufiger Wissensträger und damit in gewisser Weise auch Machthaber. Diese Situation ergibt sich naturgemäß aus einer größeren Nähe zu den Top-Entscheidern oder zum Management. Außerdem gibt es häufig Themen, über die aus verschiedenen Gründen nicht gesprochen werden darf oder die schlicht nicht an die Öffentlichkeit gelangen dürfen. Insoweit alles nachvollziehbar und gut begründbar. Wenn es sich jedoch um das eigene Vorgehen handelt, finde ich, dass Führungskräfte durchaus offener und vor allem transparenter sein sollten. Warum sie es oft nicht sind, erkläre ich gerne anhand der verschiedenen Spielarten von Macht, die ich während meiner beruflichen Laufbahn kennenlernte. So gibt es beispielsweise eine Belohnungs- und Bestrafungsmacht. Die Führungskraft darf aufgrund ihrer Position Entscheidungen treffen, die gehaltliche Auswirkungen (Erhöhung, Bonus) haben. Ebenso darf die Führungskraft in diesem Machtsegment bestrafen beziehungsweise arbeitsrechtliche Konsequenzen initiieren. Diese wiederum können dann sogar bis zur Kündigung eines Mitarbeiters führen.

Eine weitere Spielart von Macht ist die sogenannte Legitimationsmacht. Hier darf die Führungskraft Weisungen erteilen und formal die Einhaltung derselben einfordern. Falls die entsprechende Weisung nicht umgesetzt wird, kann die Führungskraft hier ebenfalls wieder im Bereich der arbeitsrechtlichen Konsequenzen tätig werden. Die Bandbreite reicht hier von Ermahnungen über Abmahnungen bis hin zur ausgesprochenen (fristlosen) Kündigung.

Die Expertenmacht erlaubt der Führungskraft, sich mit einem etwaigen Wissensvorsprung auszustatten, weil sie einfach frühzeitiger Experteninformationen erhält als jeder andere Mitarbeiter. Ob es zu einer Machtdemonstration oder gar -ausübung kommt, hängt nach meiner Erfahrung erheblich von der jeweiligen Führungspersönlichkeit ab. Wie insgesamt bei allen bisher genannten Machtarten. Den Unterschied machst immer wieder aufs Neue du als Führungskraft – durch die Art und Weise, wie du deine jeweiligen Machtinsignien einsetzt.

Etwas komplizierter wird die Sachlage in Bezug auf die Informationsmacht. Die Führungskraft kann bestimmte Informationsflüsse steuern und darüber entscheiden, welcher Mitarbeiter zu welchem Zeitpunkt welche Informationen erhält. In diesem Machtsegment habe ich schon die abenteuerlichsten Vorgehensweisen und strategischen Schachzüge erlebt.

Da waren zum Beispiel Führungskräfte, die kaum bis nie mit ihren Mitarbeitern kommunizierten. Somit wurden die Mitarbeiter in gewisser Weise stets kleingehalten und die Führungskraft fühlte sich ihnen überlegen. Wann immer dann großzügigerweise Informationen geteilt wurden, feierte die Führungskraft dieses Ereignis im besonderen Maß und fühlte sich überlegen. Dies spürten in letzter Konsequenz auch die Mitarbeiter, die sich dementsprechend benachteiligt bis minderwertig oder zurückgesetzt fühlten.

Wenn du nun gerade kopfschüttelnd vor diesem Buch sitzt und denkst: »Das kann doch nicht wahr sein!«, dann lass dir gesagt sein, dass es in Bezug auf Machtszenarien fast nichts gibt, was es nicht gibt. Auf teils abenteuerliche Art und Weise werden Machtstrukturen aufgebaut oder Abhängigkeiten geschaffen. Oft geschieht dies lediglich aus dem Motiv der Führungskraft heraus, sich in die beste Position zu bringen oder schlicht überlegen zu sein. Vermutlich, um sich selbst eine Daseinsberechtigung zu erschaffen und zu benennen, warum eine Führungskraft eben als Führungskraft gebraucht wird. Bei genauerer Betrachtung steckt dahinter also eine gewisse Überlebensstrategie in Bezug auf die eigene Rolle oder Funktion.

Nachdem ich immer mehr verstanden hatte, wie Macht tatsächlich real ausgeübt und wie oft diese missbraucht wird, traf ich für mich eine Entscheidung. Meine Mitarbeiter sollten zu jeder Zeit im höchsten Maß Transparenz und Informationsversorgung erleben – selbstverständlich immer im Rahmen der gegebenen Möglichkeiten. Übrigens kann auch eine Führungskraft ohnmächtig gegenüber der Tatsache sein, dass die Mitarbeiter besser informiert sind als sie selbst. Das führt im Zweifel dazu, dass die Führungskraft eben keine Informationsmacht hat und den Mitarbeitern gegenüber in dieser Hinsicht unterlegen ist. Eine höchst unangenehme Situation, in der du als Führungskraft idealerweise schnellstmöglich dafür sorgst, dir ein exzellentes Netzwerk aufzubauen, damit du ebenfalls bestmöglich mit allen notwendigen Informationen versorgt wirst.

Was bedeutet die von mir getroffene Entscheidung für die praktische Umsetzung und was ist meine Empfehlung daraus für dich?

Zeige dich deinen Mitarbeitern mit allen Facetten deiner Führungspersönlichkeit und bringe Transparenz in dein Vorgehen. Gib immer wieder Einblick und lass die Mitarbeiter hinter deine Kulissen blicken. Im ersten Moment entsteht möglicherweise eine leichte Irritation, weil Führungskräfte oft denken, dass sie das schwächen könnte. Genauso häufig habe ich Coachings gehört, dass Führungskräfte vermuteten, dass sie ihre Autorität verlören, wenn sie zu offen oder transparent aufträten.

In der Praxis war stets das Gegenteil der Fall und eine positiv aufgeladene Spielart von Macht zeigte sich: die Identifikationsmacht. Mitarbeiter identifizieren sich eher mit dir, wenn du dich zeigst und deine Verhaltensweisen preisgibst. Wenn du begründen kannst, wie du vorgehst oder agierst. Sie können beispielsweise Entscheidungen eher nachvollziehen, wenn sie die dahinterstehenden Gedanken und Kriterien kennen. Wenn du also transparent machst, warum du so entscheidest, wie du entscheidest, und warum beispielsweise gerade diese eine Aufgabe von einem bestimmten Mitarbeiter erledigt werden soll. Gerade dadurch gewinnst du an Respekt und Anerkennung in deiner Führungsrolle.

Ähnlich ist es aus meiner Perspektive in Bezug auf den Rahmen, den du aufzuziehen planst. Zeige, was du vorhast, und beteilige deine Mitarbeiter an dem jeweiligen Entstehungsprozess oder mindestens an den Rahmenbedingungen, die du entwickelst. Idealerweise fühlen sich die Mitarbeiter dann mit dir und dem Rahmen verbunden und akzeptieren ihn als selbstverständlichen Teil ihrer Arbeit.

Das gelingt nur und ausschließlich über maximale Transparenz. Du spielst in allen Fällen, in denen du Einblick gibst, deine Informationsmacht positiv aus und zahlst erheblich auf deine Identifikationsmacht ein. Deine Position wird gestärkt und du gewinnst an Ansehen. Wenn es nun darum geht, schwierige Dinge zu tun oder unangenehme Themen zu besprechen, bist du die allseits akzeptierte Bezugsperson. Dadurch eröffnen sich dir Türen, die sonst wohl eher geschlossen blieben.

In Bezug auf das Ansehen sei noch angemerkt, dass ich nicht jene Art von Ansehen meine, die nur der Ego-Befriedigung dient. Vielmehr ist jene Art von Ansehen gemeint, die du als Führungskraft aufbaust, um akzeptiert zu sein und das Vertrauen zugeschrieben zu bekommen, das Schiff als verlässlicher Kapitän in die richtige Richtung zu steuern. Diese Art von Ansehen lässt dich näher an deine Mitarbeiter rücken und ermöglicht dir, ihr volles Vertrauen zu genießen.

Für mich ist es also eine unbedingte Stärke, dass du dir als Führungskraft im übertragenen Sinn in die Karten schauen lässt. Die Mitarbeiter werden es dir danken und mit größerer Freude beginnen, den gesetzten Rahmen zum Leben zu erwecken.

Ein Konzept kann eine Brücke sein

Zu Beginn und bevor du damit beginnst, einen Rahmen aufzuziehen, brauchst du ein vernünftiges Führungskonzept. Dieses sorgfältig durchdachte Konzept empfehle ich dir ganz grundsätzlich.

Dazu eine kurze Geschichte: Wenn ich Führungstrainings anbiete, beginnt für viele (gerade jüngere) Führungskräfte eine aufregende Reise. Es strömt extrem viel auf die angehenden Führungskräfte ein und sie werden mit Hunderten von Eindrücken oder Ansätzen überladen. Wenn du bereits eine erfahrene Führungskraft bist, wirst du dich vermutlich noch sehr gut an deine eigenen Anfänge erinnern.

Meine Führungskarriere begann, als ich noch gar nicht wusste, was Führung im Detail eigentlich bedeutet. Es zog mich jedenfalls magisch dorthin, ohne dass ich hätte beschreiben können, was den eigentlichen Reiz ausmacht. Mit Anfang zwanzig kam dann der entscheidende Moment und ich wurde gefragt, ob ich mir zutrauen würde, einen bestimmten Bereich in einem Handelssegment verantwortlich zu übernehmen. Immerhin handelte es sich um insgesamt fünfzig bis sechzig Mitarbeiter und ich war bis dahin selbst einer von ihnen. Mir wurde sprichwörtlich der Mund wässrig gemacht und ich wurde mit reichlich Vorschusslorbeeren überschüttet. Schließlich sei ich bereits in einem anderen Unternehmen positiv aufgefallen und mir sei die Aufgabe ohne Weiteres zuzutrauen. Außerdem bekäme ich reichlich Unterstützung und es würden noch andere junge Kollegen mit mir gemeinsam anfangen.

Eine echte Wohltat für mein Ego – und ich begriff, dass es sich vielleicht um die Chance meines Lebens handelte. Mir wurde ein Gehalt angeboten, von dem ich bisher nur hatte träumen können, und ich bekam einen Dienstwagen in Aussicht gestellt. Ganz nebenbei würde ich auch endlich aus meinem stationären Geschäft herauskommen, in dem ich bis dato gearbeitet hatte. So weit war also alles wunderbar und sehr schmeichelhaft für mich. Einige Grundlagen im Bereich Führung hatte ich bereits durch eine Kollegin kennenlernen dürfen, die mich in den Jahren zuvor begleitet, ausgebildet und aufgebaut hatte. Dennoch war ich komplett blauäugig und wusste letztendlich nicht, was mich erwartete. Aber die Aufgabe und auch die Verantwortung reizten mich, ganz abgesehen von den verlockenden Rahmenbedingungen. Also sagte ich zu und wir einigten uns auf einen Startpunkt, der nicht sehr weit in der Zukunft lag. Wie immer in solchen Fällen vergeht die Zeit rasend schnell und auf einmal stand der Wechsel zu meinem neuen Arbeitgeber an. Alles fühlte sich gut an und letztendlich würde ich doch »nur« das tun, was ich ohnehin schon gemacht hatte – nur eben in ein paar Geschäften mehr, die regional verteilt lagen.

Ohne nennenswertes Konzept, mit viel Leidenschaft und einer gehörigen Portion Selbstbewusstsein startete ich in meine neue Aufgabe. Der Start ließ sich gut an, allerdings merkte ich ziemlich schnell, dass erheblich mehr auf mich zukam, als ich mir jemals hätte träumen lassen. Mehr Aufgaben, mehr Verantwortung, höhere Anforderungen und schlicht nicht enden wollende Herausforderungen. Das hatte ich definitiv nicht erwartet und entsprechend schnell war ich überfordert. Die einzige Möglichkeit, mit allen Themen zurechtzukommen, war meine persönliche Einsatzbereitschaft. Die Tage wurden immer länger und ich kam fast nicht mehr hinterher. Wenn ich an einer Stelle eine Herausforderung bewältigt hatte, entstand an einer anderen mindestens eine neue. Es war ein wenig so, als ob ich Hunderte von Töpfen mit kochend heißem Wasser auf dem Herd stehen hätte und bei allen versuchen würde, die Topfdeckel festzuhalten, damit nirgendwo Wasser überkocht.

Mein Körper reagierte und ich wurde auf heftige Weise aus dem beruflichen Alltag gerissen: mit einem Bandscheibenvorfall. Heute weiß ich, dass eine zu hohe Last auf jeden Fall dafür sorgt, dass der Schwachpunkt in deinem Körper offensichtlich wird und sich darin dein gesamter aufgestauter Stress ausdrückt. Der Vorteil an einer solchen Situation: Du hast erheblich mehr Zeit zum Nachdenken.

Also analysierte und reflektierte ich sehr umfangreich und entdeckte viele Punkte, an denen ich mich erheblich weiterzuentwickeln hatte. Aus den ursprünglich sechs Geschäften waren zeitweise bis zu fünfzehn geworden, und ich wusste, dass ich mit der vorherigen Arbeitsweise definitiv nicht weitermachen können würde.

Bei einer Sache jedoch fiel es mir wie Schuppen von den Augen: Mir fehlten komplett eine Arbeitsstruktur und ein ganzheitliches Konzept zur wirkungsvollen Umsetzung.

Also beschäftigte ich mich in der Zeit, die mir gewissermaßen geschenkt worden war, genau mit diesen beiden Aspekten. Zwischen Krankengymnastik und Arztbesuchen machte ich mir Gedanken über die besten Verfahrensweisen.

Insbesondere das fehlende Konzept, so wurde mir schmerzlich bewusst, hatte mich letzten Endes meine Gesundheit gekostet. Nun setzte ich mich also hin und entwickelte ein solches Konzept mit folgenden grundsätzlichen Fragestellungen:

- Wo will ich hin und was sind die konkreten Ziele?
- Wie lautet mein konkreter Plan?
- Wie ist mein Vorgehen und welche Aufgaben sind zu erledigen?
- Welche Aufgaben kann ich delegieren?
- Wie sorge ich dafür, dass ich ausreichend Pausen bekomme?

Stück für Stück entwickelte ich ein Konzept, was mich bereits beim Aufschreiben merklich entspannte. Plötzlich ergab alles einen Sinn und es eröffneten sich mir ganz neue Perspektiven – ich fühlte mich nicht mehr ausgeliefert, sondern ich wurde in gewisser Hinsicht zum Lenker meiner beruflichen Zukunft. Ganz nebenbei spürte ich, dass mit jeder neuen Konzeptidee und -konkretisierung mein Business-Modell immer weiter Gestalt annahm. Es formte sich eine Logik, in der plötzlich alles wie Zahnräder ineinandergreifen konnte. Unterm Strich war dies sicher eine der wertvollsten Erfahrungen meines Lebens.

Was ich daraus für dich extrahieren möchte: Dein persönliches, individuelles Konzept ist das Fundament für den Rahmen, den du als Nächstes aufziehst. Bevor du nicht selbst Klarheit über deinen Auftrag und dein Vorgehen hast, brauchst du erst gar nicht auf andere Menschen oder deine Mitarbeiter zuzugehen. Das Konzept gibt dir eine grundsätzliche Sicherheit, die dich den besten und passendsten Rahmen finden lässt. Das grundlegende Konzept ist damit die Brücke zu deinem Rahmen und den dahinterstehenden Gestaltungsmöglichkeiten.

Wenn ich heute eine Reihenfolge in der Vorgehensweise festlege oder auch als Mentor eine solche empfehle, lautet diese wie folgt:

1. Auftrag klären: Worum geht es und was will ich erreichen?
2. Konzept entwickeln: Wie erreichst du die Ziele und wie kommst du an den gewünschten Punkt?
3. Rahmen definieren: Welche Rahmenbedingungen hast oder brauchst du, um mit den Menschen gemeinsam das erwartete Ziel zu erreichen?
4. Umsetzung mit Anpassungsmöglichkeiten: Konkrete, praktische Umsetzung mit der Möglichkeit, den Kurs noch zu korrigieren oder Anpassungen vorzunehmen.
5. Reflexion und Analyse: Ständiges Hinterfragen der eigenen Vorgehensweise und Identifikation von Optimierungspotenzialen.

Gönne dir die Zeit, diese Schritte entsprechend vorzubereiten und dich auf diese Weise theoretisch für deine bevorstehende Führungsaufgabe zu wappnen. Du wirst später merken, wie elementar hilfreich die genannten Punkte für dich in der praktischen Umsetzung sind.

Gutes Timing, schlechtes Timing

»It's all about timing« (»Es ist alles eine Frage des richtigen Zeitpunkts«) – so lautet mittlerweile eine meiner wichtigsten Handlungsmaximen. Das beste Konzept und der tollste Rahmen nützen dir nichts, wenn du als Führungskraft zum falschen Zeitpunkt damit an den Start gehst. Deswegen sei hier noch ein wenig Zeit investiert, um über gutes und weniger gutes Timing nachzudenken.

Die Frage nach dem richtigen Zeitpunkt ist kaum verlässlich zu beantworten, zumindest nicht aus meiner Erfahrungswelt heraus. Der falsche Zeitpunkt scheint ebenso wenig vorhersehbar zu sein. Daher ist es fast unmöglich, hier seriöse Empfehlungen zu geben oder womöglich den perfekten Zeitpunkt zu definieren.

Dennoch gibt ein paar grundsätzliche Denkanstöße, die ich mit dir teilen möchte. In der Summe betrachtet habe ich eine wesentliche Erfahrung gemacht: Es ist nie gut, zu schnell voranzupreschen. Genauso wenig hilfreich ist es, zu lange zu warten, weil eine Chance schnell vertan sein kann. Nichts zu tun kann manchmal hilfreich sein, wird jedoch häufig ebenfalls negativ bewertet. Der richtige Zeitpunkt scheint also noch von weiteren Faktoren abzuhängen, die zum Beispiel die Bekanntgabe eines Rahmens im Team begünstigen oder eben nicht.

»

It's all about timing.

«

Mir hilft dabei die sogenannte Temperamentenlehre. Sie beschreibt insgesamt vier Temperamente, die ich im Kern immer wieder entdecke:

1. Sanguiniker,
2. Choleriker,
3. Phlegmatiker,
4. Melancholiker.

Der Sanguiniker lernt schnell und geht mit viel Enthusiasmus an Aufgaben heran. Er ist fröhlich und im Kern positiv gestimmt. Führungskräfte, die über ein solches Temperament verfügen, werden vermutlich sehr schnell in die Umsetzung kommen. Immer wieder begegnen mir Führungskräfte, die – scheinbar ohne wirklich nachgedacht zu haben – in Aktionismus verfallen. Mir ist eine Führungskraft in Erinnerung, der es immer passierte, dass Dinge viel zu schnell umgesetzt wurden. Letztendlich überforderte diese Führungskraft sich selbst und alle Mitarbeiter. Passend dazu fiel mir verstärkt auf, dass es durchaus Mitarbeiter gibt, die ihre Zeit brauchen, bis sie ein Thema oder einen gewissen Sachverhalt innerlich verarbeitet haben.

Der Choleriker hat eine kurze Zündschnur und reagiert sehr heftig auf verschiedene Sachverhalte oder Situationen. Er verfügt über keine große Geduld und wird in so ziemlich jeder beruflichen Situation schnell aus der Haut fahren und sich aufregen. Seine Mitarbeiter bekommen seine Wut oder seinen Zorn ungefiltert mit und sind oft Leidtragende seiner starken Erregungszustände. Auch hier kommen mir sofort Führungskräfte in den Sinn, die ich kennenlernte, auf welche diese Beschreibung zutraf. Sie handeln in meiner Wahrnehmung vom Timing her recht optimal, sind dann jedoch äußerst ungehalten, wenn Dinge nicht wie gewünscht ablaufen oder funktionieren.

Die phlegmatische Führungskraft kann sicher einerseits sehr beruhigend sein. Jedoch wird ihr im Gegenzug eine gewisse Trägheit oder fehlende Lebhaftigkeit unterstellt. Zwar hält diese Person als Führungskraft eine gute Ordnung und ist vernünftig organisiert. Dem Mitarbeiter fehlt jedoch häufig die Dynamik, die es braucht, um relevante Themen zu bewegen oder voranzubringen. Mir kommen Führungskräfte in Erinnerung, die phlegmatisch und wenig mitreißend ihrer Führungsaufgabe nachgekommen sind. Mitarbeiter freuten sich bei diesen Führungskräften über eine gewisse Unaufgeregtheit, wünschten sich im Gegenzug jedoch häufig mehr Aktivität. In Bezug auf den perfekten oder richtigen Zeitpunkt neigt der Phlegmatiker eher dazu, ihn zu verpassen. Lieber denkt er noch viele Male über etwas nach, ehe er eine Entscheidung trifft oder handelt.

Den Melancholiker umgibt immer eine gewisse Traurigkeit. Er neigt als Führungskraft dazu, eher nachdenklich bis pessimistisch zu sein. Die Dinge sind aus seiner Perspektive eher schwierig als einfach. Er hat einen Hang zur Problemorientierung, statt in Lösungen zu denken. Für Mitarbeiter seines Teams stellen sich Situationen durchschnittlich eher kompliziert dar und er grübelt sehr viel über mögliche Auswege. In Bezug auf das richtige Timing beobachte ich auch hier die Tendenz, eher zu spät dran zu sein als zu früh.

Die aus der Antike überlieferte Temperamentenlehre mag heutigen wissenschaftlichen Standards nicht standhalten, sie kann uns aber zur Selbstbeobachtung anregen und uns bei der Selbsteinschätzung helfen.

Mich hat die Berufserfahrung gelehrt, dass es wichtig ist, sein ganz persönliches Konzept für den richtigen Zeitpunkt zu entwickeln. Äußerst hilfreich ist es, ein gutes Gespür für Situationen und Menschen zu entwickeln. Je mehr Kontakt, durchaus auch informell, ich zu Kollegen hatte, umso mehr konnte ich unternehmerische Dynamiken vorhersehen. Je stabiler und umfänglicher meine Netzwerke waren, umso eher war ich in der Lage, wichtige Informationen zur günstigsten Zeit zu erhalten. Es lohnt sich also für dich als Führungskraft, im Austausch zu sein und deine internen Beziehungen zu pflegen.

In Kombination mit deinem jeweiligen Temperament, den dir vorliegenden Informationen, deinen strukturierten Gedanken und deinem Gespür für einen guten oder richtigen Moment kommst du dem perfekten Timing erheblich näher. Auch ist es extrem wichtig, die Umstände und Wirkungsfaktoren, die zusammenspielen, mitzuberücksichtigen. Hier liegt großes Potenzial für ein gutes bis optimales Timing.

Von Spiegeln und Gespenstern

Eine höchst sinnvolle Methode innerhalb der Führungsaufgabe besteht darin, sich regelmäßig in Reflexionsschleifen zu begeben. Oder bildlich ausgedrückt: Du betrittst als Führungskraft regelmäßig einen Raum mit sehr vielen Spiegeln. In den Händen hältst du dabei dein Rahmenkonstrukt, zu dem du unweigerlich Feedback bekommst. Es ist für viele Führungskräfte mental nicht leicht, sich in einen solchen Raum zu begeben, weil es im inneren Dialog durchaus kritische Rückmeldungen und Zweifel geben kann. Das fühlt sich nicht immer gut an. Doch gerade dein kritisches Feedback zu dir selbst hilft dir, die Dinge noch besser zu machen und dich persönlich weiterzuentwickeln.

Vorsicht ist allerdings geboten, wenn in diesem Raum Gespenster ihr Unwesen treiben. Sie locken dich durchaus mal auf eine falsche Fährte oder werfen die eine oder andere Nebelbombe. Das ist wenig hilfreich, insbesondere dann, wenn diese Täuschung dazu führt, dass du Veränderungen oder Anpassungen vornimmst, die in der Realität gar nicht konstruktiv sind.

Dazu an dieser Stelle ein kleiner Exkurs, aus welchen Bedürfnissen heraus deine Mitarbeiter agieren. Persönliche, individuelle oder gar egoistische Bedürfnisse stehen immer wieder den generellen, übergeordneten Zielen gegenüber und torpedieren auch gerne das geplante Vorgehen.

Zur Bedürfnisstruktur von Menschen wird bereits seit vielen Jahren geforscht und es gibt verschiedenste Modelle dazu. Ich greife hier verschiedene Bedürfnisarten, die mir in der Berufswelt häufig begegnet sind, frei interpretiert auf.

Auf der höchsten Ebene von Bedürfnissen stehen Individualbedürfnisse den sogenannten Kollektivbedürfnissen gegenüber. Hier entscheidet sich also, was der einzelne Mitarbeiter sich wünscht oder braucht – im Unterschied zu dem, was eine Gruppe oder ein Team benötigt. Nicht selten kommt es vor, dass Individualbedürfnisse sehr vehement und lautstark vorgebracht werden, weil sie naturgemäß dem einzelnen Mitarbeiter überdurchschnittlich wichtig sind. Viele Individualbedürfnisse können von der Führungskraft jedoch ohne größeren Aufwand befriedigt werden. Wenn etwa eine Mitarbeiterin darauf besteht, in jedem Fall eine Antwort zu erhalten, auch wenn diese lautet: »Ich weiß es nicht«, dann kann dieses Bedürfnis von dir als Führungskraft ohne Weiteres bedient werden.

Kollektivbedürfnisse ergeben sich im Gegensatz zu Individualbedürfnissen aus der Tatsache heraus, dass in einer sozialen Gruppe zusätzlich übergeordnete Bedürfnisdimensionen existieren. So können beispielsweise Probleme entstehen, die es außerhalb der Gruppe nicht gäbe. Es reicht in diesem Fall nicht mehr aus, sich nur um die Individualbedürfnisse zu kümmern, sondern können die Kollektivbedürfnisse unter Umständen auch mit Individualbedürfnissen konkurrieren.

Dazu ein konkretes Beispiel: Nehmen wir mal an, es gibt einen einzelnen Mitarbeiter, der ein starkes Bedürfnis danach hat, dass sich die Führungskraft exklusiv nur um ihn kümmert und sich viel Zeit nur für ihn nimmt. Erfüllst du als Führungskraft dieses Bedürfnis, konfligiert dies möglicherweise mit dem Kollektivbedürfnis der Gruppe, ebenfalls regelmäßig mit dir im Austausch zu stehen, was zu echten Schwierigkeiten führen kann. Es kann also sein, dass sich ein individuelles Bedürfnis für dich zum unlösbaren Problem entwickelt, weil du gleichzeitig das Wohl und die Anforderungen der gesamten Gruppe berücksichtigen willst. Dieses Beispiel ist extra anschaulich gewählt, weil tatsächlich Bedürfnis- und Motivstrukturen zu realen Zerreißproben für dich als Führungskraft werden können und ich dir in diesem Zusammenhang zu einer erhöhten Sensibilität rate.

Wenn du dir wieder den vorhin genannten Raum voller Spiegel in dein Gedächtnis rufst, stell dir einfach vor, dass jeder Mitarbeiter seinen eigenen individuellen Spiegel in der Hand hält, mit dem er deinen Rahmen reflektiert. Die individuellen Bedürfnisse der Mitarbeiter sind von Individuum zu Individuum natürlich ganz unterschiedlich ausgeprägt. Auch das kann das Bild des Rahmens maßgeblich beeinflussen und dich gegebenenfalls sogar zu einem falschen Urteil verleiten.

Gerade wenn Geltungsbedürfnisse oder das Bedürfnis nach Selbstverwirklichung ins Spiel kommen, kann es kompliziert werden. Im Normalfall wollen Mitarbeiter, die diese Bedürfnisse haben, lediglich verstärkt wahrgenommen werden oder mehr Anerkennung erhalten. In kontraproduktiven Konstellationen, wie bei einer narzisstischen Persönlichkeitsstruktur, wollen sie jedoch Einfluss geltend machen oder sogar die Macht übernehmen.

Das Wissen um die Motive deiner Mitarbeiter ist deshalb für dich von zentraler Bedeutung. Unterm Strich weißt du im Idealfall genau, was deine Mitarbeiter jeweils antreibt und welche Motiv- oder Bedürfnisstrukturen dahinterstehen und für eure Zusammenarbeit relevant sind.

Erst mit diesem Wissen wirst du souverän entscheiden können, welcher gezeigte Spiegel für dich von Bedeutung ist und in welcher Situation andere oder weiterreichende Interventionen nötig werden.

Als Faustformel gilt: Betritt regelmäßig den Raum mit Spiegeln und reflektiere in Bezug auf deine Rahmensetzung. Ist der von dir gesetzte Rahmen noch stimmig oder wird eine Anpassung nötig? Achtung: Lass dich nicht von destruktiven Individualbedürfnissen auf eine falsche Fährte locken oder von deinem grundsätzlichen Weg abbringen. Bleibe also achtsam und hinterfrage die individuellen Bedürfnisse deiner Mitarbeitenden in Bezug auf ihre jeweiligen Hintergründe. Triff dann die Entscheidung, inwieweit sie zu berücksichtigen sind oder gegebenenfalls niedriger priorisiert werden können.

Neue Rahmen kehren gut

Bei einem gesetzten Rahmen handelt es sich also grundsätzlich um eine gewisse Ordnung, in welcher sich deine Mitarbeiter oder dein Team bewegen. Wenn aus irgendeinem Grund dieser entweder von dir bestimmte Bezugsrahmen oder ein sich durch das Handeln der Akteure gebildeter Bezugsrahmen nicht mehr stimmt, kann er umgedeutet werden. Der bisherige Rahmen wird also angepasst, modelliert, verändert oder sogar komplett neu gestaltet. In vielen Bereichen wird dieser Vorgang als Reframing bezeichnet. Wolfgang Berger, ein ebenfalls sehr erfahrener Trainer, spricht vom »Business Reframing«.

Ändern sich also äußere oder innere Rahmenbedingungen, kann eine Neudefinition deiner bisherigen Rahmensetzung sehr sinnvoll oder sogar notwendig sein. Du kannst quasi zu jeder Zeit den vorhandenen Rahmen nehmen und neu definieren. Aus meiner Erfahrung als Business-Coach ist dabei elementar wichtig, den Rahmen nicht zu häufig oder in zu rasch aufeinanderfolgenden Zeitabständen zu verändern. Wie in allen Veränderungsprozessen reagieren Menschen sehr unterschiedlich auf sich ändernde Rahmenbedingungen und können dabei durchaus verloren gehen oder unter die Räder geraten.

Besonders zu beachten ist dabei die jeweilige Bedeutung, die einem Rahmen gegeben wird oder wurde. Ist der Kontext, in dem die Beteiligten sich bewegen, von großer Bedeutung, wird sich der Mitarbeitende sicher schwerer tun, sich auf eine Umdeutung wohlwollend einzulassen. Wenn der Rahmen oder die Rahmensetzung keine große Bedeutung hat, wird es ihm tendenziell leichter fallen. Es ist also speziell beachtenswert, mit welcher Dominanz du als Führungskraft den Rahmen in Szene gesetzt hast.

In von mir begleiteten Unternehmen habe ich häufig erlebt, dass sich Rahmenbedingungen schnell ändern und entsprechende Anpassungen notwendig werden. Um die Produktivität deiner Mitarbeiter auch innerhalb schneller Anpassungszyklen aufrechtzuerhalten, helfen regelmäßige Kommunikation und ein offener Austausch über die Rahmensetzung. Die Leitfragen dazu können lauten:

- Wie fühlen sich alle Beteiligten mit dem aktuell gesetzten Rahmen?
- Was läuft gut und wo gibt es Schwierigkeiten in Bezug auf den gesetzten Rahmen?
- Was kann die Führungskraft tun, um die aktuelle Rahmensetzung noch besser für die Mitarbeiter zu übersetzen, um Verständnis und Akzeptanz zu erreichen?
- Welche Anpassungen sind gegebenenfalls notwendig oder hilfreich?

Wenn einem Rahmen eine andere oder neue Bedeutung gegeben wird, kann dies weitreichende Konsequenzen haben. Wahrnehmbare Reaktionen, Verhaltensweisen oder aufgebaute Beziehungen können sich wandeln. Oftmals ist genau das gewünscht, wenn ein Rahmen umgedeutet wird.

Als übergeordnete Regel gilt: Achte bei einer Umdeutung stets darauf, dass deine Mitarbeiter den Grund dahinter verstehen. Es ist wichtig, ihnen zu erklären und zu verdeutlichen, warum diese Anpassung nötig wird. Mindestens ebenso wichtig ist, dass ein Verständnis aufgebaut wird, was dahintersteckt und worauf die geplante Veränderung abzielt. In diesem Zusammenhang weise ich gerne darauf hin, dass ich Führungsarbeit als aktive Übersetzungsarbeit verstehe: Wenn es dir gelingt, den jeweiligen Rahmen – oder die entsprechende Rahmenanpassung – zum Mitarbeiter hin zu übersetzen und damit verständlich und nachvollziehbar zu machen, schaffst du positive Resonanz und Akzeptanz.

Die Rahmenbedingungen zu ändern und anzupassen kann in der Praxis zum Beispiel bedeuten, ein bestimmtes Regelwerk um eine neue Regel zu ergänzen. Ein solcher Anpassungsprozess, den ich als Coach begleitet habe, bezog sich auf eine Anpassung der geltenden Dienstwagenregelungen eines Unternehmens. Der grobe Rahmen (»Jeder hat Anspruch auf einen beliebigen Dienstwagen«) wurde modifiziert und insoweit umgedeutet, als sich bei der Auswahl eines bestimmten Fahrzeugs der finanzielle Eigenanteil veränderte (»Jeder hat Anspruch auf einen Dienstwagen, jedoch ändern sich die Abrechnungsmodalitäten je nach ausgewählter Fahrzeugklasse, wenn sie über gewisse Auswahlkriterien hinausgehen«).

Diese Anpassung bedeutete zwar keine generelle Umdeutung des Rahmens, jedoch sehr wohl eine Anpassung. Das führte zu heftigem Widerstand, obwohl sich doch im Kern keine grundsätzliche Regeländerung oder wesentliche Veränderung der Rahmensetzung ergab.

Diese Erfahrung war für mich insoweit von großer Bedeutung, als ich die mögliche Wucht von Umdeutungen oder Rahmenanpassungen damit besser verstanden habe. Der entscheidende Lernerfolg liegt darin, zu verstehen, was ein Reframing in jedem einzelnen Mitarbeiter auslöst und welche Reaktionen hervorgerufen werden können. In einem größeren Kontext betrachtet, wird durch die Anpassung des Regelwerks in diesem Beispiel sicher keine andere Produktivität im Außendienst zu erwarten gewesen sein. Jedoch wurde offensichtlich das einzelne Individualbedürfnis nach Anerkennung beeinträchtigt, das sich in der freien oder unbegrenzten Wahl der gewünschten Fahrzeugklasse ausgedrückt hatte.

Achte also zu jeder Zeit darauf, welche Bedeutung eine Rahmenanpassung hat oder für die Mitarbeiter haben könnte. Es kann in Einzelfällen sogar passieren, dass du von einer Bedeutungsintensität überrascht wirst, mit der du selbst nicht gerechnet hättest. Ebenso kann es passieren, dass bestimmte Komponenten aus der Umdeutung erst dann ans Tageslicht kommen, wenn die Anpassung vollzogen wurde.

In jedem Fall ist das bewusste und souveräne Managen der Anpassung von großer Relevanz, damit deine Mitarbeiter weiterhin bereit sind, vollumfänglich mit dir zu kooperieren.

Abschließend bleibt festzustellen, dass die Anpassung des Rahmens empfehlenswert ist, wenn der entsprechende Bedarf besteht. Bleibt die Anpassung aus, ergeben sich weitere Schwierigkeiten, die von erheblich größerer Tragweite oder Auswirkung sein können.

5.

Das Gehirn ist süchtig nach Erlebnissen: Wahrnehmungsgesetze nutzen

Bereits seit vielen Jahren interessiere ich mich für die Wahrnehmungspsychologie mit ihrer Beschreibung psychologischer Phänomene und Gesetzmäßigkeiten. Täglich beobachte ich, wie sehr Wahrnehmungen auseinandergehen können. Ob es um die Bewertung von Ereignissen oder um die Beurteilung von Verhaltensweisen geht: Es scheint selten zwei exakt gleiche Wahrnehmungen zu geben. Das fasziniert mich und ruft bei mir die Frage hervor, woran das liegt.

Das, was wir wahrnehmen, ist nicht objektiv gegeben. Im Gegenteil: Die individuelle Wahrnehmung von Sachverhalten, Situationen, Ereignissen oder Personen kann bei verschiedenen Menschen komplett unterschiedlich sein. Tatsächlich ist jedoch die Wahrnehmung, mit der ich als Trainer und Coach arbeite, insoweit existenziell relevant, als ich mit ihr Entwicklungstüren oder sogar -welten öffne. Das Folgende ist in diesem Sinne als eine Hommage an die Wahrnehmung zu verstehen.

Letztendlich ist Wahrnehmung »nur« die Verarbeitung von Reizen. Da wir nicht in der Lage sind, alle Reize zu verarbeiten, filtert unser Gehirn. Dadurch entsteht ein subjektives Abbild, also eine aus meiner Sicht passende Kopie der Realität. Einwirkende Filter können Vorerfahrungen, Prägungen, Konditionierungen, Werte und Haltungen sein. Etwas passiert, wir bekommen es über unsere Wahrnehmungskanäle mit, sortieren und bewerten es. Wir verarbeiten es von außen nach innen. Und genau hier liegt für mich eine große Chance insbesondere für ambitionierte Führungskräfte:

- Wie genau und was beobachten wir?
- Wie bewerten wir die Beobachtungen?
- Wie priorisieren und sortieren wir die Beobachtungen?
- Wie geben wir unsere Wahrnehmungen wirkungsvoll nach außen zurück?

Das ist ein höchst spannender Kreislauf, an dessen Optimierung ich seit Jahren arbeite. Ich habe gelernt, wie wichtig oder sogar wertvoll eine eindeutig und zweifelsfrei vorgebrachte Spiegelung der eigenen Wahrnehmung für den Gesprächspartner sein kann. Wenn ich das mache, bekomme ich, das ist das Spannende, bisweilen sehr unterschiedliche Rückmeldungen bis hin zum offenen Widerspruch. Von »gar nichts davon mitbekommen«, »nicht gesehen« bis »genau auf den Punkt gebracht« reicht die Bandbreite an Rückmeldungen. Für mich ist dabei immer wieder beeindruckend, wie unterschiedlich Menschen Dinge wahrnehmen – und das meine ich völlig wertfrei. Noch interessanter wird es, wenn bestimmte Wahrnehmungen später bei Videoaufzeichnungen übergeprüft werden und zu überraschenden Einsichten bei der betreffenden Person führen. »Das ist ja tatsächlich so …« oder »Ich hätte nicht gedacht, dass ich so wirke …« sind häufige Ergebnisse einer solchen Querprüfung.

Zurück zur Wahrnehmung: Wenn wir also Reize aufnehmen und diese bewusst in etwas Produktives umwandeln, entstehen große Chancen. Es besteht sogar ein gewisses Suchtpotenzial, wenn wir bestimmte Reize in einer höheren Intensität wahrnehmen. Denn unser Gehirn will immer und immer wieder bestimmte Reize konsumieren.

Wenn wir uns bewusst machen, dass Lustgewinn und Schmerzvermeidung unsere hauptsächlichen Antriebsquellen sind, erklärt sich fast von selbst, warum wir fortlaufend versuchen, bestimmte äußere Reize zu finden oder eben andere zu vermeiden.

Diese Mechanismen kannst du dir als wirkungsvolle Führungskraft zunutze machen. Wenn du den Schlüssel findest, wie du die Wahrnehmungskanäle deiner Mitarbeiter immer wieder neu mit positiv stimulierenden Reizen fütterst, wirst du einen erheblichen Unterschied in der Qualität der Zusammenarbeit und in den Arbeitsergebnissen feststellen.

Stell dir also bitte vor, dass deine Mitarbeiter in gewisser Weise süchtig nach bestimmten Interventionen, Verhaltensweisen oder Kommunikationsmustern von dir sind. Du kannst auf verschiedenen Ebenen wirken, was deine Mitarbeiter immer wieder neu stimuliert oder positiv anregt. Jeder von uns kennt doch die Lehrerin oder den Lehrer, der mit monotoner oder anstrengender Stimme den jeweiligen Unterrichtsstoff abspult. Sicher einer dieser Reize, die wir eher in den Bereich der schmerzhaften Erinnerungen einordnen würden. Um den Schmerz zu vermeiden, werden wir versuchen, ähnlichen Situationen zu entkommen oder uns ihnen sogar von vornherein zu entziehen. Nicht selten halten wir entsprechende Situationen auch einfach aus in der Hoffnung, dass diese qualvollen Momente schnell ein Ende finden mögen.

Zurück zu uns Führungskräften: Du hast im zweiten Schritt verschiedene Möglichkeiten, deine Mitarbeiter im Sinne existierender Wahrnehmungsgesetze positiv zu stimulieren. Zum Beispiel indem du dir Gedanken über deine Wirkung machst. Es kommt darauf an, wie du dich verhältst, was du sagst und – ganz wesentlich – wie du etwas sagst. Wenn du mit deinem wahrnehmbaren Verhalten intensiv und positiv wirkst, werden deine Mitarbeiter immer noch mehr von deinen Interventionen wollen und du wirst eine anerkannte und hoch akzeptierte Führungskraft.

Überlege dir also genau, wie du als Führungskraft wirkst und vor allem wirken möchtest. Entscheide für dich, was deine Mitarbeiter über dich sagen und denken sollen, sobald du den Raum verlassen hast. Hier liegen bereits konkrete Anknüpfungspunkte für dich als Führungskraft: der Inhalt (was du beiträgst), die Art der Übermittlung (wie du deinen Beitrag übermittelst) und der Ausdruck hinter dem Ausdruck (warum du reagierst oder handelst, wie du handelst).

In vielen Sitzungen mit Führungskräften habe ich mit diesen immer wieder drei Wirkungsebenen betrachtet: verbale, nonverbale und paraverbale Wirkung.

Mit Blick auf die verbale Wirkung machst du dir Gedanken über die Worte und Ausdrücke, die du verwendest. Du achtest also genau darauf, was du sagst und welche Worte du benutzt. Einen konkreten Anhaltspunkt kann hier die positive Psychologie liefern. Deine gewählten Worte sind einladend, entgegenkommend, wohlwollend oder gewaltfrei. Im Gegensatz dazu können Worte eben auch weniger einladend, weniger entgegenkommend oder wohlwollend oder sogar gewaltvoll sein. Achte darauf, welche Worte du in welcher Führungssituation benutzt und wie die jeweilige Resonanz beim Mitarbeiter oder bei deinem Team ausfällt.

Ein weiterer großer und sehr relevanter Wirkungsaspekt ist der nonverbale Ausdruck. Hier geht es um Mimik, Gestik und Körperhaltung. Ein bedrohlicher oder aggressiver Ausdruck ist destruktiv und kommt erfahrungsgemäß bei Mitarbeitern nicht gut an. Wenn du hingegen eine offene, zugewandte und einladende Körperhaltung, einen interessierten Gesichtsausdruck und geschmeidige beziehungsweise nicht bedrohliche Gesten nutzt, fühlt sich dein Mitarbeiter positiv angesprochen.

Auf der paraverbalen Wirkungsebene gelingt es dir, mittels angemessener Sprachgeschwindigkeit, Betonung, Sprachmelodie und Lautstärke positiv stimulierend zu wirken. Das entspannt die zwischenmenschliche Kommunikation und wechselseitige Interaktion merklich und du kreierst eine vertrauensvolle Umgangskultur.

Erlebnisorientierung: Sei lieber außergewöhnlich

Wenn es uns gelingt, bestimmte Wahrnehmungsszenarien zu erschaffen, werden Mitarbeiter nicht nur beeindruckt, sondern eben im besonderen Maß angeregt und deswegen leistungsbereiter sein. Zwei wesentliche Komponenten kommen hierbei zusammen und können wunderbar miteinander verbunden werden: Wahrnehmungsgesetze und Erlebnisse. Sie bilden den Kern dessen, was ich als erlebnisorientierte Führung bezeichne.

Wenden wir uns zunächst den Wahrnehmungsgesetzen zu: Wenn bestimmte Sinneseindrücke auf uns einwirken, wird unser Gehirn immer versuchen, sie zu strukturieren und zu ordnen. Das bezieht sich, rein wissenschaftlich betrachtet, zunächst eher auf Sinneswahrnehmungen, die wir über das Auge registrieren. Konsequent weitergedacht helfen uns die Wahrnehmungsgesetze jedoch, den Gesamteindruck von Ereignissen und Erlebnissen in der wahrgenommenen Wertigkeit zu erhöhen. Konkret gibt es folgende sechs Faktoren, die dir helfen, besonders wahrgenommen zu werden:

1. Prägnanz,
2. Ähnlichkeit,
3. Nähe,
4. Geschlossenheit,
5. gute Fortsetzung,
6. gemeinsames Schicksal.

An dieser Stelle erlaube ich mir, die genannten Faktoren weniger wissenschaftlich als vielmehr praktisch zu interpretieren.

Wenn also ein Ereignis von hoher Prägnanz gekennzeichnet ist, wird es uns intensiv und eindrücklich vorkommen. Wir empfinden es als auffällig und hervorstechend. Es bleibt im Kopf und haftet in gewisser Weise an uns.

Als Führungskraft kann das bedeuten, Situationen und Ereignisse zu erschaffen, die sich klar und eindeutig von anderen unterscheiden. Wir erschaffen bewusst ein Momentum, eine Situation also, die unser Team oder Gegenüber für einen kurzen Moment emotional und gedanklich fesselt. Prägnante Momente im Führungsalltag können im Mitarbeitergespräch, im Teammeeting oder in Kommunikations- oder Interaktionssituationen entstehen.

Außergewöhnliche Aktionen – also außergewöhnlich sein oder handeln – sind ein Mittel, um eine solche Prägnanz zu erzeugen. Stell dir also vor, wie du in Begegnungs- oder Kontaktsituationen alles andere als gewöhnlich bist. Rege etwas an, mit dem niemand rechnet. Es kann ein besonderes Bild sein, welches du zeigst, oder eine andersartige Aufgabe, die du stellst. Ebenso könnte es ein völlig unerwartetes Verhalten oder eine überraschende Ansprache sein. Im Kern ist alles erlaubt, was kreative Gedanken hergeben. Sei ruhig mutig und probiere neue Sachen aus.

Eine andere Wahrnehmungsmöglichkeit ist die bewusst gewählte Ähnlichkeit. Wenn wir Ähnlichkeiten feststellen, empfinden wir beispielsweise Themen als zusammengehörig. Da unser Gehirn diese Ähnlichkeitsverknüpfungen aufgrund bereits existierender (also ähnlicher) Bilder vornimmt, kannst du als Führungskraft dieses Phänomen gut für dich nutzen. Stell dir also vor, wie du ähnliche Sachverhalte (zum Beispiel Konzepte aus anderen Branchen) nutzt, um neues, frisches Wissen zu deinen Mitarbeitern zu bringen. Wenn es etwa darum geht, ein Leitbild zu entwickeln oder einen Prozessablauf zu optimieren, dann schau dich in anderen Unternehmen um und suche nach Beispielen, mit denen sich dein Team kreativ auseinandersetzen kann. Denn Ähnliches wird als zusammengehörig empfunden und die Mitarbeiter werden den Zusammenhang zu ihrer Aufgabe verstehen. Sie werden in der Lage sein, das entsprechende Wissen anzunehmen beziehungsweise zu nutzen. Das ausgewählte Thema knüpft also an bekanntes Wissen an und deine Mitarbeitenden lernen besser oder leichter.

Nähe schafft Zusammengehörigkeit. Wenn wir es als Führungskraft schaffen, ein Gefühl von Nähe aufzubauen, werden sich Mitarbeiter eher als Einheit und zusammengehörige Gemeinschaft empfinden. Das schafft ein starkes Wirgefühl und ebendieser Gemeinschaft wird es erheblich leichter fallen, entstehende Probleme zu lösen und sich wirkungsvoll gegenseitig zu unterstützen. Eine schlagkräftige Gemeinschaft entsteht und nutzt den Geist der Gemeinschaft für das höchstmögliche produktive Miteinander. Ein Hinweis an dieser Stelle: Nähe ist als Synonym für eine gewisse Vertrautheit zu verstehen, die Schritt für Schritt aufgebaut wird. Es geht weder um körperliche Nähe, die womöglich als übergriffig empfunden wird, noch um Grenzüberschreitungen, was die individuellen Schutzzonen von Menschen betrifft. Achte also stets darauf, äußerst sorgfältig mit diesen Methoden zu agieren, da sonst schnell schwierige oder gar rechtswidrige Situationen entstehen können, die meinem Ansatz zuwiderlaufen und von denen ich mich hier klar distanziere. Handle stets mit Augenmaß, Fingerspitzengefühl und respektiere zu jeder Zeit die Privatsphäre sowie die geltenden Persönlichkeitsrechte der anderen Menschen.

Der vierte Hebel für ein positives Wirken ist das Erzeugen einer größtmöglichen Geschlossenheit. Hier liegt besonders für Teams erhebliches Potenzial. Vorhandene Lücken sind zu schließen und durchlässige Stellen zu reparieren. Unser Gehirn verfügt zwar über die großartige Eigenschaft, unvollständige Wahrnehmungen so lange zu vervollständigen, bis sich ein vollständiges Bild oder Verständnis ergibt. Allerdings kann die entstandene Lücke gegebenenfalls nur mit Vermutungen, Annahmen, zweifelhaften oder sogar falschen Informationen ergänzt werden. Die Aufgabe für dich als Führungskraft lautet also, vorhandene Wissenslücken zu füllen und eine maximale inhaltliche Geschlossenheit zu erreichen. Sorge dafür, dass Informationen vollständig und flächendeckend vorhanden sind, dass klare Teamstrukturen existieren und sonstige offene Sachverhalte (abschließend) geklärt werden. Alles, was bei deinen Mitarbeitern oder innerhalb deines Teams offen ist oder bleibt, wird sie umfangreich beschäftigen und möglicherweise vom eigentlichen Arbeitsauftrag ablenken. Nicht vorhandenes Wissen oder unvollständige Informationen regen zu Vermutungen an oder verursachen sogar Gerüchte.

Der fünfte Wirkfaktor, die gute Fortsetzung, bezieht sich darauf, wie sich etwas weiterentwickelt. Wenn Mitarbeiter das Gefühl haben, dass sich eine gewisse Story oder Entwicklung positiv fortschreibt, sind sie eher bereit, sich darauf einzulassen. Überlege dir also genau, wo die Arbeitsaufgaben hinführen und wie sie ausgerichtet sind. Immer dann, wenn eine gute Fortsetzung des eigenen Handelns absehbar ist, fühlen wir uns gut und wollen den weiteren Weg freiwillig oder positiv angeregt entdecken. Wir sind neugierig und haben Lust, uns auf die jeweilige Reise zu begeben. Hier spielen auch Kontinuität und eine gewisse Konsistenz als erhebliche Erfolgsfaktoren mit hinein. Wenn also jede Woche neue Wege beschritten würden oder beispielsweise die Richtung geändert würde, wären Mitarbeiter irritiert und vielleicht sogar verwirrt. Das führt dazu, dass Mitarbeiter verloren gehen oder der Geschwindigkeit von Veränderungen nicht mehr nachfolgen können beziehungsweise wollen. Du tust als Führungskraft deshalb gut daran, eine stimmige Dramaturgie und attraktive Perspektiven in Aussicht zu stellen.

Kommen wir zum sechsten Faktor, der Gemeinsamkeit als Wahrnehmungsgesetz. Wir Menschen verbinden uns gerne mit anderen Geschichten oder Schicksalen. Der Begriff »Schicksal« ist für mich an dieser Stelle gar nicht so kritisch oder einschneidend gemeint, wie er landläufig womöglich interpretiert wird. Ein gemeinsames Schicksal kann in meiner Wahrnehmung auch ein Zustand sein, der zwei oder mehrere Menschen aus verschiedenen Gründen miteinander verbindet und vereint. Du wirst sicher schon erlebt haben, wie sich Gemeinschaften gegründet haben rund um Menschen, die bestimmte – negative wie positive – Erlebnisse oder Erfahrungen teilen. Genau diese Gesetzmäßigkeit kann in der Führungsarbeit genutzt werden. Das Gefühl, in einem Boot zu sitzen oder an einem Strang zu ziehen, wird in Erfolgssituationen positiv verstärkt. Es hilft aber auch in schwierigen Situationen: Wenn also beispielweise eine Abteilung immer wieder mit einer unangemessenen Forderung von außen konfrontiert wird und damit wiederkehrend in die gleichen Schwierigkeiten gerät, kann das eine starke Verbundenheit untereinander erzeugen: Alle wissen, dass es den anderen genauso geht und dass sie mit dem Problem nicht allein sind. Die Aufgabe für dich als Führungskraft liegt somit darin, genau diese verbindenden Elemente oder Puzzlestücke zu entdecken und zu benennen und im Bedarfsfall eine Schicksalsgemeinschaft zu gründen. Niemand fühlt sich dann mehr allein oder ausgegrenzt. Alle ziehen an einem Strang und aus dem besonderen Gemeinschaftsgefühl entsteht die Stärke einer vorwärtsgerichteten Gruppendynamik.

Werden nun diese Wahrnehmungsgesetze einzeln oder sogar zusammenhängend genutzt und in entsprechenden Situationen bewusst eingesetzt, entfaltet das Konzept der erlebnisorientierten Führung seine höchste Wirkung. Ein wichtiges Stichwort ist hierbei, die entsprechenden Einzelkomponenten zu zelebrieren und im gewünschten Maß zu exponieren. Stelle also gerne bestimmte Wirkungsmechanismen auf die Business-Bühne und lass kleine Events daraus entstehen. Führen hat in diesem Sinne viele Gemeinsamkeiten mit der Inszenierung von Theaterstücken. Das sollte dich nicht abschrecken, denn du willst ja Wirkung erzielen. Dein Werk entsteht, indem du als Führungskraft Wirkungselemente aneinanderfügst und ineinandergreifen lässt, sodass du Spuren hinterlässt: positive Spuren für eine bessere Teamleistung.

Auf diese Weise kann eine magische und produktive Grundstimmung entstehen, die sich erheblich von sonstigen gewöhnlichen Arbeitsatmosphären unterscheidet. Du arbeitest mit spürbarer Prägnanz, wiederkehrenden oder ähnlichen Komponenten, dem Gefühl von Nähe, einer in sich geschlossenen Gesamtstruktur, die sich gut und stimmig fortsetzt und auf einem gemeinsamen Nenner fußt. Alles natürlich entsprechend in Szene gesetzt und als Folge von positiven, anregenden Momenten gestaltet. Damit wird akzentuierte Erlebnisorientierung mit außergewöhnlichen Komponenten zu einem bemerkenswerten Erfolgsfaktor in deinem Führungsportfolio. Und du erhältst ein wirkungsvolles Instrument, um Mitarbeiter und Teams aufeinander einzuschwören und sie auf das nächste Level ihrer jeweiligen Leistungsfähigkeit zu bringen.

Der Merkfaktor gibt den Lernfaktor vor

Im Kern ist die Formel einfach: Wenn Erlebnisse mit Emotionen verbunden sind, merken wir sie uns. Wenn du dich also daran erinnerst, wann du das letzte Mal ein außergewöhnliches Erlebnis hattest, wird dieses sehr wahrscheinlich mit Emotionen verbunden sein. Tatsächlich treten hier Ereignisse und Erlebnisse in den Vordergrund, die hauptsächlich mit großer Freude oder tiefem Schmerz verbunden sind – vereinfacht dargestellt: mit positiver oder negativer Emotion. Beides kann im gleichen Maß für eine gewünschte Entwicklung im Sinne von Lernerfolgen genutzt werden. Wenn du als Führungskraft also möchtest, dass dein Mitarbeiter etwas lernt und sich später auch noch jederzeit an das Gelernte erinnert, ist entscheidend, wie er sich den Lerninhalt merkt. Also mit welcher gewünschten Emotion das Lernszenario oder der Inhalt verknüpft ist. Hier bieten sich positive Lernanker an, die mit dem Erlebnis von Freude verbunden sind. Macht eine Lerneinheit Spaß und bereitet sie deinen Mitarbeitern Freude, wird der Lern- und damit auch der spätere Umsetzungserfolg bereits in greifbare Nähe rücken.

Wesentlich gelingt das durch die Methode, die du wählst, wenn Lerninhalte aufbereitet oder präsentiert werden. Gilt es also beispielsweise, ein neues Produkt einzusetzen oder eine neue Vorgehensweise zu erlernen, nutzt du die Möglichkeit der interaktiven Lernvermittlung. Wenig interaktiv wäre sicher eine Frontalpräsentation mit unzähligen Folien, auf denen völlig unübersichtlich und überladen die gewünschten Lerninhalte dargestellt sind.

Wesentlich effektiver ist hierbei, wenn du deine Mitarbeiter in Bezug auf den gewünschten Lerninhalt aktivierst und sie eine Emotion dazu aufbauen lässt. Mach dir also intensiv Gedanken darüber, was an deinem Lerninhalt attraktiv ist und was die relevanten Kernbotschaften sind. Nutze diese Botschaften, um sie deinen Mitarbeitern in gut verdaulichen Häppchen zu präsentieren und sie dann jeweils daran arbeiten zu lassen. Die Arbeit in Zweierteams oder in der Gruppe erweist sich hier als höchst wirkungsvoll. Wenn du gezielte Fragestellungen zum Lerninhalt hinzugibst, kann dieser auf angenehme und positive Art entdeckt werden. Hierbei ist die Aufgaben- oder Fragestellung, die du vorgibst, entscheidend. Wie deine Mitarbeiter sich mit dem gewünschten Lerninhalt beschäftigen und ob sich gezielt bemerkenswerte Momente in der Lernsituation aufbauen, entscheidet am Ende über den nachhaltigen Merkfaktor – und damit auch über die Produktivität der investierten Zeit. Viel zu oft erlebe ich in Unternehmen Veranstaltungen, die als vertane oder überflüssige Zeit empfunden werden, obwohl die vermittelten Inhalte oder Botschaften durchaus höchste Relevanz haben. Wenn du also als Führungskraft möchtest, dass deine Mitarbeiter Inhalte verinnerlichen und regelmäßige Lerntransfers stattfinden, dann überdenke deine angewandten Lern- und Vermittlungsstrategien. Der höchste Merkfaktor entsteht durch die Verknüpfung mit (positiven) Emotionen und bei der Entdeckung von Lerninhalten, gerne im sozialen Miteinander. So werden Erlebnisse geschaffen, die nachhaltig wirken und deinen Gesamterfolg in beeindruckender Weise stützen.

Erinnere dich an die Lernsituationen, die dir selbst als Lerner in bester Erinnerung geblieben sind. Wenn sich diese Situationen bei dir eingeprägt haben, lag es höchstwahrscheinlich an der Methode, mit deren Hilfe dir die jeweiligen Lerninhalte nähergebracht wurden. Wenn du dabei viel gelacht oder auch mal gelitten hast, werden sich die Themen bei dir mit höherer Wahrscheinlichkeit verfestigt haben. Du wirst sie eher abrufen und in der täglichen Praxis einsetzen können. Du wirst dich an sie erinnern und sie im Gedächtnis behalten. Genau hier liegt deine Verantwortung als wirkungsvolle

Führungskraft. Entwickle deine Mitarbeiter und Teams weiter, indem du sie dazulernen und in ihrer Kompetenz wachsen lässt. Damit sind nicht nur klassische Weiterbildungsangebote gemeint, die du deinen Mitarbeitern machst. Baue ein Umfeld auf, in welchem lebenslanges Lernen und damit eine lernende Organisation absolute Realität sind. Es ist zum Beispiel denkbar, Mitarbeitern pro Woche ein bestimmtes Zeitfenster für selbst bestimmtes und selbst organisiertes Lernen einzuräumen. Schon die Auseinandersetzung damit, welche Lerninhalte beziehungsweise Lernplattformen von den Mitarbeitern hierfür genutzt werden, regt einen Lernprozess an und fördert eine positive Lernkultur. Nur wenn sich Menschen kontinuierlich weiterentwickeln, werden sie zu leistungswilligen Bestandteilen des jeweiligen Systems. Ihre Zufriedenheit steigt und sie fühlen sich an ihr Unternehmen gebunden. Diese Positivspirale wird oft unterschätzt oder übersehen. Nutze die Chance, in diesem Segment zu punkten und deine Mitarbeiter oder Teams fortlaufend weiterzuentwickeln.

Spuren hinterlassen zahlt sich aus

Wie wichtig es sein kann, bei deinem Gegenüber sprichwörtlich Spuren zu hinterlassen, ist mir erst nach und nach bewusst geworden. Kunden und ehemalige Teilnehmer erinnerten sich an Situationen, bei denen mir oft gar nicht bewusst war, dass diese einmal solche besonderen Spuren hinterlassen würden. Ganz häufig waren es dabei eher vermeintliche Kleinigkeiten, die den großen Unterschied machten.

Die grundsätzliche Überlegung für dich als Führungskraft kann also erst einmal sein, welchen Eindruck du bei deinem Mitarbeiter hinterlassen möchtest. Woran soll sich dieser erinnern, wenn er an dich zurückdenkt; wie soll er auch Jahre später noch von dir oder über dich sprechen? Mir hilft in diesem Fall ein Gesamtpaketkonzept, welches ich nutze, um in der Kooperation mit anderen Menschen die gewünschten Resultate zu erzielen und darüber hinaus in nachhaltiger Erinnerung zu bleiben. Dieses ganzheitliche Konzept basiert einerseits auf dem Frame-Impuls-Prinzip, das ich im Weiteren noch ausführlicher darlege. Und andererseits auf einer ganzen Reihe von Maßnahmen beziehungsweise Wirkungsprinzipien, die als präzise ineinandergreifende und sehr zielführende Umsetzungsstrategie funktionieren.

Als erstes Prinzip ist ein gutes Verständnis der jeweiligen Zielgruppe und eine exzellente Vorbereitung auf das, was du erreichen oder umsetzen möchtest, zu nennen. Es ist unerlässlich und von höchster Priorität, zu wissen, mit wem du es zu tun hast. Hierbei hilft dir Wissen über deine Mitarbeiter, deine direkten Kollegen und deine Vorgesetzten. Mindestens genauso wichtig ist es, zu erfassen, worum es geht und was eigentlich deine Mission beziehungsweise dein Auftrag ist. Wann immer du kannst, sei sehr gut vorbereitet. Dem einen reicht es völlig aus, sich ein paar Gedanken zu machen und diese gegebenenfalls auf ein Stück Papier oder in ein digitales Format zu bringen. Andere wiederum brauchen und nehmen sich viel Zeit, um einen weitreichenden Plan zu verfassen, weil dies ihrer Sicherheit und damit auch Souveränität dient. In meiner eigenen Führungslaufbahn und in meiner Tätigkeit in der Erwachsenenbildung ist kein Tag vergangen, an dem ich nicht vor entsprechenden Terminen mindestens ein paar Ideen entwickelt oder ein komplettes, konkretes Ablaufszenario gestaltet habe. Obwohl ich durchaus improvisieren kann, sichern diese vorbereitenden Maßnahmen die Qualität meiner Arbeit erheblich ab. Spuren hinterlässt du also bereits dann, wenn dich dank guter Vorbereitung kein Thema einfach aus der Kurve fliegen lässt und du viele denkbare Szenarien bereits geistig durchlebt hast. Deine jeweiligen Gegenüber empfinden dich als professionell und gut geordnet. Noch viel elementarer ist jedoch, dass du deinem Gesprächspartner allein deswegen eine hohe Präsenz entgegenbringen kannst, weil du nicht parallel damit beschäftigt bist, dir den nächsten Schritt zu überlegen. Wärst du damit beschäftigt, würdest du mit hoher Wahrscheinlichkeit relevante Details übersehen, die dir jedoch

»

Wer Spuren hinterlassen will, stellt den Menschen vor die Sache.

«

einen erheblichen Mehrwert bieten. Und genau das bleibt beim Mitarbeiter hängen: Wie aufmerksam du bist und wie sehr du dich auf ihn konzentrierst. Damit kommst du auch in deine höchste Handlungsfähigkeit und Fokussierung.

Das zweite Prinzip, um als Führungskraft weitreichende Spuren zu hinterlassen, ist die bedingungslose Menschenorientierung. Menschen sind stets vor der Sache zu behandeln. Kritiker werden nun vermutlich aufschreien, weil doch der Inhalt oder die Aufgabe womöglich an erster Stelle stehen müssten. Meine Sicht auf die Dinge ist jedoch, dass du kein wertvolleres Gut hast als deine Mitarbeiter. Du könntest den Auftrag niemals erfüllen, wenn nicht Menschen um dich herum wären, die mit dir gemeinsam bereit sind, hoch professionelle Lösungen zu finden und sämtliche anstehenden Aufgaben zu erledigen. Mit höchster Hingabe und in bester Qualität. Wie soll das gelingen, wenn die Führungskraft mit so ziemlich allem beschäftigt ist, nur eben nicht mit ihren Mitarbeitern?

Wann immer ich mittelmäßige oder sogar unterdurchschnittliche Führungsszenarien erlebt habe, lag die Lösung letzten Endes in der Vielzahl an Themen, mit denen Führungskräfte beschäftigt waren, statt sich um die Mitarbeiter zu kümmern. Entweder jagen diese viel beschäftigten Führungskräfte von einem Termin zum nächsten oder sie knien sich tief in Details hinein. Teilweise sind sie sogar selbst noch die besten Mitarbeiter und überdurchschnittlich stark am produktiven Ergebnis beteiligt. Dadurch entfernen sie sich jedoch immer weiter vom Mitarbeiter mit seinen Sorgen und Nöten. Im Zweifel entfernen sie sich auch vom Team, das ebenfalls Begleitung braucht. Die hitzigsten Diskussionen, die ich regelmäßig mit Top-Managern führe, drehen sich deshalb um die Fragen, wie groß eine maximale Führungsbreite (= Anzahl der direkt geführten Mitarbeiter) sein sollte und wie sehr Führungskräfte noch selbst produktiv ihren Beitrag leisten oder fachlich in den Details des jeweiligen Themas zu Hause sein müssen. Meine Aussage dazu irritiert zumeist, wenn ich sage, dass ein Team idealerweise nicht mehr als sechs bis acht Mitarbeiter umfasst und die Führungskraft zu hundert Prozent, also ausschließlich, Führungsaufgaben erledigt. Steht der Mitarbeiter vollumfänglich im Mittelpunkt, kann entwickelt, die Produktivität erhöht, gestaltet, organisiert und optimiert werden. Das hinterlässt Spuren und sorgt für zufriedene Mitarbeiter. In Zeiten zunehmend flacher Hierarchien und agiler Arbeitswelten mit neuen Organisationsformen ist der Beitrag, den eine Führungskraft leistet, ohnehin noch wichtiger geworden. Den Themen Reflexion, Optimierung, Koordination, Netzwerk und Wissenstransfer kommt eine völlig neue Bedeutung zu, weshalb Führungskräfte sich dringend auf Führungsaufgaben konzentrieren sollten.

Eine deutliche Spur hinterlässt du mit dem dritten Prinzip: Erwartungen übererfüllen. Wenn es dir gelingt, etwas, was dein Mitarbeiter nicht erwartet hätte, zu tun, wird er dich noch mehr respektieren und den gemeinsamen Weg mit dir gehen wollen. Hier geht die Bandbreite der möglichen Handlungen von der Selbstoffenbarung gegenüber dem Mitarbeiter oder Team über das Eingestehen eines Fehlers bis hin zu maximaler Transparenz über die jeweiligen Ereignisse. Tu das, womit dein Mitarbeiter nicht rechnet, und stärke dadurch deine Führungsautorität. Damit meine ich eine hohe Akzeptanz und ein stabiles Zutrauen in deine Persönlichkeit. Für mich hat sich mittlerweile eine echte Handlungsmaxime daraus abgeleitet: Wer mir begegnet oder intensiv mit mir kooperiert, wird in mindestens einer Disziplin in seinen Erwartungen übertroffen. Das kann ein zusätzliches Feedback, eine weitere kreative Idee oder auch völlig neuer Denkansatz sein. Du hinterlässt damit garantiert Spuren und neue Korridore der Zusammenarbeit erschließen sich dir und deinem Mitarbeiter.

Das vierte Prinzip klingt einfach, scheint jedoch für viele Führungskräfte äußerst schwierig umzusetzen zu sein: Sei authentisch. Mit einem hohen Maß an Echtheit hinterlässt du die meisten und deutlichsten Spuren. Indem du deine wahre Persönlichkeit und im Zweifel sogar deine Optimierungsfelder zeigst. Jeder Mitarbeiter wird es dir danken und mit dir als Führungskraft etwas anzufangen wissen. Du bist einfach du und dich gibt es als individuelles Gesamtpaket. Ist die Maske erst einmal gefallen, lassen sich ganz andere Umgangswelten erschließen. Dann kann es um ein pures und reales Miteinander gehen, bei dem nicht ständig darauf zu achten ist, wer gegebenenfalls welche hintergründige Agenda hat oder wer womöglich welches (falsche) Spiel spielt. Wer als Führungskraft nicht authentisch ist, wird meiner Erfahrung nach früher oder später an der künstlich erschaffenen Illusion seiner selbst scheitern. Was folgt, ist zumeist eine schmerzhafte Demaskierung zu einem Zeitpunkt, der nicht erwünscht ist oder nicht erwartet wurde. Sei in jedem Fall als Führungskraft authentisch und zeige dich exakt so, wie du bist. Das reißt vorhandene Barrieren nieder und lässt dich und deine Mitarbeiter in besonderer Weise zueinander finden.

Lass die Sinne tanzen

Wer erlebnisorientierte Führung leben und sich zunutze machen will, tut gut daran, mit allen Sinnen zu arbeiten. Die Wissenschaft ist sich nicht ganz einig, wie viele Sinne der Mensch hat, doch über das Vorhandensein von mindestens fünf Sinnen besteht Einigkeit: Sehen, Hören, Schmecken, Riechen und Tasten. Wenn wir also konsequent maximal viele Sinne ansprechen wollen, ist idealerweise unser Führungskonzept auch entsprechend angelegt. Ein Schwerpunkt liegt im beruflichen Kontext sicher auf dem Seh-, Hör- und Tastsinn. Im übertragenen Sinne können wir den Geschmacks- und Geruchssinn aber ebenfalls bedienen beziehungsweise aktiv ansteuern: Ich denke hier an Redewendungen wie »einen guten Geschmack haben« oder »jemanden (nicht) riechen können«.

Doch werfen wir zunächst einen Blick auf die hauptsächlich ansprechbaren Sinne im Führungskontext: Der aufmerksame Mitarbeiter sieht dich und nimmt dich optisch umfassend wahr. Dabei geht es längst nicht nur um die äußere Erscheinung, deine Figur, deine Kleidung oder die Frisur. Viel mehr registrieren Mitarbeiter auch, wie du handelst und agierst. Nicht selten sehe ich Führungskräfte in den hochwertigsten und teuersten Klamotten. Jedoch passt häufig genau in diesen Fällen das wahrnehmbare Führungsverhalten nicht zur gewählten (Ver-)Kleidung: Mimik, Körperhaltung und vor allem Bewegungen sind mitunter weniger souverän als der gewählte Zwirn. Mir scheint es dann oft sogar eher hilfreich, wenn die betreffende Person eher weniger gut gekleidet ist und stattdessen mehr Wert auf beobachtbares (Führungs-) Verhalten legt.

Viel wichtiger als das äußere Erscheinungsbild ist es, darauf zu achten, was du tust und wie du es tust. »You are always on stage« (»Du bist immer auf der Bühne«), sagte ein geschätzter Mentor von mir einst. Das hat mich sehr beeindruckt, weil er unbedingt recht hat. Du kannst beispielsweise nicht auf der einen Seite von Mitarbeitern absolute Loyalität erwarten, wenn du dich selbst im Dialog mit Kollegen oder anderen Führungskräften nicht loyal zeigst oder verhältst. Es ist dann schwierig, von Mitarbeitern zu fordern, was du selbst nicht umsetzt. Häufig unterschätzen Führungskräfte, wie sehr sie unter Beobachtung stehen und wie sehr ihr Verhalten damit unterschwellig Maßstäbe setzt. Am Ende orientieren sich Mitarbeiter an ihren Führungskräften und das ist genau richtig so. Es ist also sehr empfehlenswert, sich nicht einfach gehen zu lassen oder womöglich selbstvergessen Handlungen zu vollziehen, die wiederum von Mitarbeitern bemerkt oder gesehen werden.

Sofort drängt sich der Begriff »Vorbild« auf, den ich in diesem Kontext und an dieser Stelle aufgreife. Du bist immer dann ein Vorbild, wenn du dir deiner Handlungen und deren Wirkung absolut bewusst bist. Du beherrschst dabei die komplette Klaviatur des Verhaltensportfolios. In der praktischen Überset-

»

*Das Wie ist wichtig. Immer.
You are always on stage!*

«

zung bedeutet das, dass du in jeder Führungssituation genau weißt, wie du agierst und wirkst. Deine Handlungen und Verhaltensweisen sind kongruent, also in sich schlüssig. Sie erfüllen einen gewissen Zweck und bringen dich in der gewünschten Situation an genau den gewünschten Punkt. Was in diesem Augenblick für dich möglicherweise hoch anstrengend klingt, erreichst du tatsächlich in Form von Präsenz und ausgeprägter Achtsamkeit. Jede bewusste Handlung bewirkt etwas und bringt dich weiter. Insbesondere in den Momenten, wenn du dich unbeobachtet fühlst, kommt es umso mehr darauf an, dir deiner eigenen Wirkung bewusst zu sein. Nutze deine dir zur Verfügung stehende Körperlichkeit (im Sinne von Wirkung und Ausstrahlung) und vor allem sämtliche Handlungsvarianten aus, um zu überzeugen. Erst dann darfst du von deinen Mitarbeitern und deinen Teams erwarten, dass sie sich ebenfalls wie gewünscht oder angemessen verhalten. Mir begegnen häufig Führungskräfte, die sich bestimmte Verhaltensweisen von Mitarbeitern wünschen, selbst jedoch augenscheinlich alles andere als vorbildlich agieren. Sie sind launisch, teilweise cholerisch und in ihren Weltanschauungen festgefahrener, als sie denken. Wie sollen dann Mitarbeiter mutig sein, unternehmerisch denken, sich loyal verhalten und veränderungsbereit werden?

Der nächste wichtige Sinneskanal, über den du deine Souveränität unter Beweis stellen kannst, ist der Weg über das Gehör. Was sagst du und wie sagst du es? Welche Worte benutzt du? Welche Formulierungen verwendest du und wie reagierst du in angespannten oder stressigen Situationen? Während wir in einem der vorherigen Kapitel das Thema der Wirkungsebenen bereits intensiv betrachteten, finde ich hier den Hinweis auf Rhetorik und vor allem Botschaften hinter Botschaften hilfreich.

Im Bereich der rhetorischen Möglichkeiten möchte ich auf ein paar Gefahrenstellen hinweisen, die dich in deiner Führungsrolle eher schwächen oder an deiner natürlichen Autorität kratzen können. In diesem Fall beleuchte ich absichtlich einige Rhetorikfallen, statt auf vorbildliche Rhetorik einzugehen.

Warum? Weil gerade der verbale Bereich unserer Kommunikation viele Tücken und Risiken für Missverständnisse oder gar Konflikte bietet und weil sich aus den gewählten Beispiele sofort herleiten lässt, wie die positive Variante aussieht. Es geht im Speziellen um folgende Risikoelemente der Rhetorik: (schädigende) Manipulation, (negative) Suggestion, (konsequente) Vermeidung und (permanente) Druck- oder Gewaltausübung. Mit Sicherheit kennst du diese Varianten unserer Sprache. Sie begegnen uns im Führungsalltag immer wieder, was überdurchschnittlich häufig zu Vertrauensverlust oder schweren Krisen führt.

Wenn bisher eher von positiv-anregenden Führungserlebnissen die Rede war, so kann negativ ausgelebte Führung durchaus traumatisierend wirken. Betroffene Menschen fühlen sich nicht wohl und im schlimmsten Fall sogar ausgeliefert. Ausgelöst wird dies durch oft kleine Fehler im Führungsverhalten oder in der Rhetorik.

In Bezug auf schädigende Manipulationen fallen mir Formulierungen oder Aussagen ein, die darauf ausgelegt sind, den Mitarbeiter vorzuführen oder schlecht dastehen zu lassen. »Er kann es einfach nicht besser« oder »Mehr war da nicht zu erwarten« schädigen aktiv das Image des Mitarbeiters. Ebenso schlimm sind drastische Manipulationen, die Führungskräfte in meiner Wahrnehmung gerne einsetzen, wenn sie sich nicht mehr zu helfen wissen. Botschaften wie »Wenn du dich dieses Mal bitte mehr anstrengen würdest« oder »In diesem Fall wäre ein gutes Ergebnis ausnahmsweise wünschenswert« manipulieren negativ und bewirken komplett das Gegenteil des Gewünschten: Sie verletzen den Mitarbeiter und führen ihn eher in die Verweigerung.

Die negative Suggestion ist ebenfalls eine äußerst kritische Technik, die leider allzu oft Verwendung findet. Dem Mitarbeiter wird etwas suggeriert, also quasi untergeschoben, um damit bestimmte Ziele zu erreichen. Aussagen wie

»Siehst du es nicht auch so, dass wir uns anders verhalten müssen?« oder »Bist du nicht auch meiner Meinung, dass eine neue Methode hier angemessen wäre?« mögen für einen kurzen Moment zwar wirken, werden jedoch schon bald wie ein Kartenhaus in sich zusammenfallen. Spätestens wenn der Mitarbeiter sich nach einigem Nachdenken bewusst macht, was er in Wirklichkeit denkt, beginnt die negative Spirale der Erkenntnis, hier massiv beeinflusst worden zu sein.

Im Beispiel der konsequenten Vermeidung geht die Führungskraft den scheinbar unangenehmen oder weniger attraktiven Themen schlicht wiederholt aus dem Weg und versucht, diese zu umschiffen. Gerne werden Botschaften gesendet wie: »Das ist doch alles gar nicht so schlimm« oder »Nun leg doch nicht schon wieder alles auf die Goldwaage«. Hierbei versucht die Führungskraft lediglich, sich ihrer Verantwortung zu entziehen und das Geschehnis beschwichtigend kleinzureden. Der Mitarbeiter fühlt sich im schlechtesten Fall alleingelassen oder nicht ernst genommen.

Die permanente (rhetorische) Druck- oder Gewaltausübung erlebe ich in ihren verschiedenen Facetten überdurchschnittlich häufig bei Führungskräften. Insbesondere bei denen, die selbst unter Druck stehen und diesen teilweise ungefiltert an ihre Mitarbeiter weitergeben. »Das muss unbedingt heute noch fertiggestellt werden« oder »Wenn du das nicht wie gefordert fertigstellst, hat das Konsequenzen« sind klassische Aussagen in diesem rhetorischen Minenfeld. Der Mitarbeiter soll zu etwas bewegt werden in einer Art und Weise, die null produktiv und in keiner Weise menschenwürdig ist.

Die genannten Beispiele sollen aufzeigen, welcher Schaden angerichtet wird, wenn Führungskräfte sich in dieser oder ähnlicher Form ausdrücken und damit unterm Strich ihre gewünschten Ziele sicher nicht erreichen. Im Gegenteil: Diese Art von Führungskommunikation führt zu Frust und teilweise sogar zu vergifteten (toxischen) Arbeitsbeziehungen. Sie ist daher zu vermeiden, auch in ihren abgeschwächten Varianten, die wir aus unserem Alltag sicher alle kennen. Das, was uns gegenüber geäußert und über unseren Hörsinn wahrgenommen und verarbeitet wird, kann entsprechend zu starken Irritationen bis hin zu (inneren) Kündigungen führen.

Auch der Tastsinn wird im Führungsalltag regelmäßig bedient. Idealerweise führt die Einbindung des Tastsinns oder des haptischen Empfindens zu positiv anregenden Führungserlebnissen. Stell dir dabei vor, wie eine gegenseitige Gib-mir-fünf-Geste oder ein sogenannter Faustgruß (umgangssprachlich »Fistbump«) für besondere Momente und Emotionen sorgen kann, wenn beispielsweise Ziele oder bestimmte Resultate erreicht wurden. Wer es ein wenig distanzierter und dennoch nicht weniger herzlich mag, darf auch gerne traditionell per Handschlag gratulieren.

Positiv angesprochen wird der Tastsinn meiner Erfahrung nach auch über (kleine) thematisch einschlägige Gegenstände, die eine Botschaft haptisch unterstützen. Ich setze beispielsweise gerne Gegenstände wie Bälle, Würfel oder auch ein Kartenspiel ein, um ein Thema zu veranschaulichen und damit zu vertiefen. Auch Lerninhalte kannst du buchstäblich (be-)greifbar machen, wenn du sie etwa in Form einer laminierten Unterlage, einer Bastelanleitung oder dergleichen präsentierst. Deiner Kreativität sind dabei kaum Grenzen gesetzt und du darfst gerne deinen Mitarbeitern auf diesem Wege zu einem positiven Erlebnis verhelfen.

Der Vollständigkeit halber können auch der Geruchs- und der Geschmackssinn aktiv angesprochen werden, um Erlebnisse zu manifestieren. Ein guter oder angenehmer Geruch kann hierbei genauso anregend sein wie eine gut schmeckende Mahlzeit oder eine Süßigkeit. Im Vergleich werden diese beiden Sinneskanäle im beruflichen Kontext allerdings sicher weniger stark eingebunden als das Sehen, das Hören oder das Tasten. Achte in jedem Fall darauf, in regelmäßigen Abständen sämtliche Sinnesorgane anzusprechen, um den verschiedenen Sinnesausprägungen deiner Mitarbeiter gerecht zu werden und alle gleichermaßen gut zu versorgen.

Die Überraschung und ihre Magie

Unser Gehirn funktioniert so, dass wir besonders aufmerksam sind, wenn etwas Überraschendes passiert. Es werden Botenstoffe ausgesendet, die uns in erhöhte Alarmbereitschaft versetzen. Einer der führenden deutschsprachigen Psychologen zur Wahrnehmung ist Julius Kuhl. Er spricht vom Kontrastprinzip der Wahrnehmung. Immer wenn etwas passiert, das von der Norm abweicht, konzentriert sich unser Gehirn automatisch auf diese Informationen und geht in einen besonderen Wachzustand. Stell dir also vor, dir passiert etwas, mit dem du auf keinen Fall rechnest. Etwas Außergewöhnliches, Spezielles, Besonderes oder nie Dagewesenes. Du wirst dadurch ein auf der Intensitätsskala höher gewichtetes Erlebnis haben und dieser Moment wird dir in besonderer Erinnerung bleiben. Diesen natürlichen Mechanismus beziehungsweise biochemischen Vorgang kannst du dir als Führungskraft im Rahmen einer erlebnisorientierten Führung zunutze machen.

Baue überraschende Ereignisse oder Geschehnisse in die Kommunikation mit deinen Teams ein und lenke damit bewusst die erhöhte Aufmerksamkeit auf das gewünschte Thema oder die relevante Situation. Zum Beispiel kannst du ein Teammeeting eröffnen, indem du einen unerwarteten, aber thematisch passenden Gegenstand mitbringst und präsentierst. Oder zu Beginn einen kurzen Film zeigst, der das Thema aus ungewohnter Perspektive angeht. Definitionsgemäß handelt es sich bei einer Überraschung um etwas, mit dem wir nicht rechnen oder gerechnet haben. Der Mitarbeiter ist also nicht darauf vorbereitet und konnte keine bestimmte Reaktion auf die Überraschung planen. Dadurch reagiert sein Körper entsprechend und gönnt ihm eine erhöhte Hormonausschüttung.

Wenn sich also beispielsweise gewohnte Abläufe ändern oder eine bestimmte Grundordnung durcheinandergebracht wird, erleben wir das als überraschend. Ebenso kann jedoch eine Aufgabe, die wir bisher so nicht absolviert haben, oder eine überraschende Wendung in einem Projekt für ein vergleichbares Erleben sorgen. Wichtig dabei ist, dass wir zwischen erschrecken und überraschen unterscheiden. Wenn wir Mitarbeiter er- oder verschrecken, kann dies zu einer Schockstarre oder gar Ohnmacht führen. Das wirkt sich in letzter Konsequenz negativ aus. Eine positive Überraschung hingegen kann dem Mitarbeiter zwar ebenfalls einen kurzen Schreckmoment bescheren, wird sich jedoch erheblich schneller in Neugierde oder gar Experimentierfreude umwandeln. Genau solche Situationen gilt es, gezielt zu erreichen. Womit also kannst du deine Mitarbeiter überraschen?

Dazu einige Ideen: Eine gute Nachricht zur Entlastung in der allgemeinen Arbeitssituation oder eine neue Vorgehensweise, welche allen Beteiligten die Arbeit erheblich erleichtert, kann eine solche positive Überraschung sein. Genauso kann die Aussicht auf eine neue Verantwortung oder gar eine Beförderung für ebendiesen Effekt sorgen.

Was dabei zu berücksichtigen ist: Nicht jede Überraschung führt automatisch zu einer positiven Resonanz. Prüfe daher zuvor genau, welche Auswirkungen deine überraschende Nachricht oder Veränderung hat oder wie diese gegebenenfalls aufgenommen werden könnte. Hier hilft die Methode, sich aus verschiedenen Perspektiven zu überlegen, wie eine bestimmte Information oder Überraschung sich vermutlich auswirkt. Diese sogenannte mehrperspektivische Betrachtung hilft dir als Führungskraft, sicherzustellen, wie sich bestimmte Themen entwickeln. Dadurch wirst du auf jegliche Szenarien vergleichsweise gut vorbereitet sein. Ein Leitsatz hat mich in diesem Zusammenhang seit jeher geprägt: »Gut gemeint ist nicht gut gemacht«. Wenn du also etwas mit einem durchaus guten Vorsatz oder Motiv umsetzt, muss längst keine positive Resonanz folgen. Vielmehr bleibt stets ein gewisses Restrisiko,

»

Gut gemeint ist nicht automatisch gut gemacht.

«

weil jedes Empfinden von uns Menschen nun mal stark unterschiedlich ausfallen kann. Gut oder besser machen kannst du es jedoch immer dann, wenn du die Methode der Antizipation anwendest: Lass in deiner Vorstellung die überraschende Situation ablaufen, wenn du dir nicht sicher bist auch mehrmals, und betrachte die möglichen Reaktionen, Resonanzen oder Dynamiken, die dir beim Durchspielen der Situation begegnen. Du stellst fest, dass sich bei jeder gedanklichen Vorwegnahme neue Aspekte ergeben, die du vielleicht vorher noch nicht bedacht hattest. Das gibt dir die Möglichkeit, etwaige Risiken zu reduzieren oder deine Überraschung in ihrer Darbietungsform noch zu modellieren.

Die negative Überraschung, also eine Nachricht oder Mitteilung mit einem nachteiligen Charakter, wird ebenfalls für eine erhöhte Aufmerksamkeit sorgen, jedoch möglicherweise nicht in der gewünschten Art und Weise. In solchen Fällen hilft eine sorgfältig entwickelte Kommunikations- oder Vermarktungsstrategie, um die sogenannte »böse« Überraschung in ihrer Wirkung zu relativieren und eine Lawine negativer Auswirkungen zu verhindern.

Nutze also in sorgsam gewählten Zeitabständen die Chance, deine Mitarbeiter zu überraschen und damit positiv anzuregen. Du bringst erfrischende Dynamik in deine Arbeitsumgebung und wirst bei angemessener Dosierung neue Erlebnisse kreieren, die deinen Mitarbeiter wiederum motivierend anregen und ihm die Abwechslung bringen, die in der Arbeitswelt oft vernachlässigt wird. Du beugst damit drohender Stagnation oder energieraubender Eintönigkeit vor und betreibst in gewissem Maß sogar aktive Mitarbeiterbindung.

6.
Impulse statt Ziele: Das Führen im Rahmen

Dass du die übergeordneten Ziele deines Bereichs kennst, ist für dich als Führungskraft vermutlich völlig normal. Ebenso wirst du dir regelmäßig die einzelnen (Zwischen-)Ziele anschauen und mit deinem Team besprechen. Vielleicht ist es bei dir im Unternehmen auch erwünscht, dass du die jeweiligen Ziele auf jeden einzelnen Mitarbeiter herunterbrichst.

In einem weiteren Schritt einen stabilen Rahmen rund um dich und deine Mitarbeiter aufzubauen, ist möglicherweise neu für dich. Dabei wird geklärt, wie ihr es schafft, die Ziele zu erreichen, und was die möglichen Rahmenbedingungen dafür sind. Ihr verabredet euch auf eine bestimmte Art des Umgangs und vereinbart sehr verbindlich, wie ihr vorgeht. Ihr wisst, was ihr voneinander zu erwarten habt, kennt die geltenden Regeln und versteht, wie das soziale Miteinander bestmöglich funktioniert. Es gibt einen Verhaltenskodex, in dem ihr euch bewegt und der einen stabilen Rahmen um euch als leistungswillige Einheit bildet.

Bis hierher ist alles wichtig und gut. Wenn du das als Führungskraft bereits geschafft hast, möchte ich dir gratulieren. Dann hast du dir vermutlich reichlich Gedanken dazu gemacht, wie ihr eure Anforderungen und Aufgaben bestmöglich bewältigt. Ihr habt euch gemeinsam darauf verständigt, wie ihr verfahren wollt und was ihr zu tun bereit seid. Allen sind die Ziel- und Aufgabenstellungen klar und jeder kennt seinen gewünschten Wertbeitrag. Der Rahmen steht also fest.

Genau an diesem Punkt kommt der zweite Aspekt des Frame-Impuls-Prinzips zum Tragen. Anstatt immer nur über Ziele zu sprechen beziehungsweise bei diesen stehen zu bleiben, möchte ich dich dazu ermutigen, neue Wege zu beschreiten. Meiner Erfahrung nach brauchst du als verantwortliche Führungskraft eine bestimmte zusätzliche Kompetenz, um dein Team besonders wirkungsvoll zu unterstützen: Du gibst zur richtigen Zeit in der exakt richtigen Dosierung exakt den richtigen Impuls. Klingt ganz einfach, oder?

Warum diese Fähigkeit beziehungsweise dieses ausgeprägte Vermögen zur Impulsgebung von enormer Relevanz ist, möchte ich dir an einigen Beispielen erklären.

Sicher kennst du die Situation, dass dein Chef gefühlt immer im falschen Moment bei dir anruft, dich kontaktiert oder etwas von dir möchte, was dich aus deinem momentanen Gedanken reißt. Sehr genau erinnere ich mich an verschiedene Führungskräfte, die genau dieses Talent hatten. Egal ob ich im Vertrieb unterwegs war oder mich später als Führungskraft selbst gerade mit meinen Führungskräften im produktiven Austausch befand. Bei manchen meiner mir übergeordneten Führungskräfte war es sogar so, dass sie unbedingt bevorzugt werden wollten und es nicht duldeten, wenn ich nicht innerhalb kürzester Zeit verfügbar war. Ganz egal, was ich gerade tat oder ob es gerade in mein zeitliches Konzept passte. In den meisten Fällen war der jeweilige Reiz oder Impuls, den ich dabei empfing, nicht hilfreich. Er war auch häufig nicht passend, weil das gerade von mir bearbeitete Thema unterbrochen oder sogar ganz abgebrochen werden musste. Ich wurde komplett aus meinen jeweiligen Gedanken herausgerissen und es dauert eine kleine Ewigkeit, bis ich meinen Faden wiederaufnehmen konnte. In meinen jeweiligen Verantwortungsbereichen war es zusätzlich oft so, dass der ausgelöste Impuls meiner Führungskräfte mit einer neuen Aufgabe oder Idee verbunden war. Selbstverständlich mussten diese grandiosen Ideen auch recht schnell in die Tat umgesetzt werden. Dadurch entwickelte sich fast so etwas wie Hysterie, sobald sich meine nächste Führungskraft bei mir meldete. Ich wusste, dass mit großer Wahrscheinlichkeit eine weitere, oft anspruchsvolle Thematik auf mich zukommen würde.

In anderen Fällen war es wiederum oft so, dass ich mir mehr hilfreiche Impulse von meiner Führungskraft gewünscht hätte. Zum Beispiel wenn es darum ging, sich auszutauschen oder gemeinsam über Lösungsvarianten nachzudenken. Wenn schwierige Situationen zu lösen waren oder ich schlicht dringend Hilfe gebraucht hätte. Ausgerechnet in diesen Momenten waren meine Führungskräfte oft nicht verfügbar. Genau hier hätten mir wirkungsvolle Anregungen jedoch geholfen und ich wäre froh gewesen, eine spontane Idee oder einen guten Anreiz zu erhalten.

Aus genau diesen Gründen kristallisierte sich der gelungene Impuls im Verlauf meiner eigenen Führungs- und Trainerkarriere als wichtigstes Instrument heraus. Mir wurde klar: Je stimmiger, hilfreicher, wertvoller, passender und konkreter die von mir gelieferten Impulse sind, umso mehr profitiert mein Mitarbeiter oder Teilnehmer davon.

Stell dir folgende Situation vor: Du sitzt an deinem Schreibtisch und denkst über ein Problem in deinem Team nach. Du bist hoch ambitioniert und motiviert, eine gute, vielleicht sogar die beste Lösung zu finden. Deine Schaltzentrale läuft auf Hochtouren und du grübelst mit höchster Anstrengung über deine Situation nach. Es will dir jedoch keine gute Lösung einfallen. Du drehst dich immer und immer wieder um die gleichen Gedanken oder hängst dich an derselben Stelle gedanklich auf. Auch deine Kollegen, die du mittlerweile konsultiert hast, kommen an dieser Stelle nicht weiter. Sie überlegen mit dir gemeinsam und sind wirklich bemüht. Dennoch will sich einfach keine richtig gute Lösungstür öffnen. Deine letzte Lösungsoption ist, deine Führungskraft anzurufen. Eigentlich wolltest du es vermeiden, sie oder ihn zu kontaktieren. Weil du ja beweisen wolltest, dass du selbst in der Lage bist, ein hervorragendes Lösungsszenario zu entwickeln. Du willst beweisen, wie leistungsfähig und in gewisser Weise unabhängig du bist. Dennoch tust du es und greifst zum Hörer. Was nun kommt, haut dich komplett vom Hocker: Deine Führungskraft ist entspannt und zeigt volles Verständnis. Du fühlst dich ernst genommen und dir wird aktiv zugehört. Deine Führungskraft versteht dein Problem und nimmt sich deiner Situation mit größtem Einfühlungsvermögen an. Du bekommst weder das Gefühl, minderwertig zu sein, noch den Eindruck, ein kompletter Versager zu sein. Es fühlt sich einfach gut und richtig an, deine Führungskraft zu fragen. Sie nimmt sich angemessen Zeit und hilft dir, einige Lösungsvarianten zu entdecken. Ihr diskutiert verschiedene Möglichkeiten und verständigt euch höchst erwachsen über die jeweiligen Chancen oder Risiken einer infrage kommenden Lösung.

Als das Telefonat beendet ist, bist du in gewisser Weise erfüllt und fühlst dich gut. Du hast jede Menge nützlicher Impulse erhalten und kannst von nun an deinen ganz individuellen Umsetzungsplan entwickeln, der dich darin unterstützt, das zuvor entstandene Problem zu lösen.

Vielleicht stellst du beim Lesen fest, dass du dich als Führungskraft üblicherweise genau so verhältst, wenn ein Mitarbeiter sich an dich wendet. Das wäre grandios und ich würde dich erneut beglückwünschen. Vielleicht ist es aber auch so, dass du noch auf dem Weg bist und dich fragst, wie du solche wirkungsvollen Impulse geben kannst. Meine Überzeugung ist: Wenn du an dir und deiner Fähigkeit zur außerordentlichen Impulsgebung arbeitest, wirst du für deine Mitarbeiter die Führungskraft sein, von der sie sich wirkungsvoll unterstützt fühlen.

Impulse geben ist also erheblich mehr, als nur einen schnellen Rat zwischendurch zu erteilen oder alle Beteiligten über das (neu) ausgerufene Ziel für den jeweiligen Bereich zu informieren. Mit wirkungsvollen Impulsen schaffst du das besondere Momentum zwischen dir und deinem Mitarbeiter. Du öffnest nie da gewesene Sphären eurer Zusammenarbeit. Das gilt sowohl für einzelne Mitarbeiter als auch für ganze Teams, die du führst. Du leistest als Führungskraft in einer ganz speziellen Weise enorme Wertbeiträge. Knoten lösen und gedankliche Engpässe überwinden gehört damit in der Zukunft zu deinen wichtigsten Hauptaufgaben.

Als Führungskraft wirst du auf drei Ebenen zum Impulsgebungsexperten:

- Du entwickelst und empowerst deine Mitarbeiter.
- Du hilfst dabei, Blockaden zu lösen und gedankliche Barrieren zu überwinden.
- Du reflektierst auf höchstem Niveau.

Ganz nebenbei öffnest du mittels der geleisteten Impulse Kanäle innerhalb eurer Zusammenarbeit, die deine Mitarbeiter und dich in besonderer Weise miteinander verbinden. Denn ihr werdet diese Momente miteinander erleben und sie werden euch als überdurchschnittliche, besondere Momente in Erinnerung bleiben. Die gemeinsam zurückgelegte Wegstrecke wird von Wow- und Aha-Momenten gekennzeichnet sein.

Wenn du jetzt das leicht irritierende Gefühl hast, dass ich womöglich übertreibe, überzeuge dich einfach selbst von den genannten Impulsen in den nächsten Kapiteln und ihrer jeweiligen Wirkungskraft.

Tool 1: Antworten ist Silber, Fragen stellen ist Gold

Die durchschnittliche Führungskraft hat einen Hang zu schnellen und verlässlichen Antworten. In unzähligen Trainings, Coachings und Mentorings, in denen ich Führungskräfte begleitet habe, beobachtete ich dieses Phänomen. Vielleicht liegt das darin begründet, dass eine Führungskraft eben Entscheidungen zu treffen hat und dafür auf der Welt zu sein scheint, Fragen sofort beantworten zu können. In jedem Fall beobachte ich dieses selbst auferlegte Mantra konsequent bei nahezu jeder Führungskraft.

Selbstverständlich ist es gut und hilfreich, wenn du als ambitionierte Führungskraft viel weißt und eben auch Fragen beantworten kannst. Dem Wunsch der Mitarbeiter folgend darfst du auch fachliche oder inhaltliche Fragen beantworten. Eine fachlich versierte Führungskraft gilt gemeinhin als kompetent. Aufgrund meiner Erfahrungen finde ich diese Betrachtungsweise jedoch eher kritisch beziehungsweise einseitig. «Ob etwas Gift oder Heilmittel ist, bestimmt die Dosierung« – so interpretiere ich gerne eine Aussage von Paracelsus, einem der berühmtesten Ärzte Europas im sechzehnten Jahrhundert. Mir ist völlig klar, dass ich als verantwortlicher Manager nicht generell aufhören kann oder soll, Fragen zu beantworten. Jedoch nehme ich bei Führungskräften wahr, dass sie häufig als Antwortcomputer missbraucht werden. Den Begriff »Missbrauch« nutze ich an dieser Stelle sehr bewusst, um eine gewisse Provokation zu diesem Thema aufzubauen.

Hand aufs Herz: Wie oft tendierst du dazu, deinen Mitarbeitern mal eben schnell sämtliche Fragen zu beantworten? Und wie oft nutzt du die Gelegenheit, die gestellte Frage mit einer Gegenfrage zu beantworten?

Genau darauf möchte ich in diesem Kapitel hinaus: Du darfst gerne deutlich mehr Fragen stellen, als du es vielleicht bis heute getan hast. Mitarbeiter sind sehr wohl in der Lage, zu erfassen, was deine typischen Reaktionsmuster sind. Wenn ein Mitarbeiter also immer wieder Fragen stellt und jedes Mal prompt von dir Antworten geliefert bekommt, wird er dieses Verhalten als erfolgreich abspeichern. Ich gehe sogar noch einen Schritt weiter: Er wird es immer wieder tun und du wirst immer wieder antworten.

Diese Art der missbräuchlich anmutenden Interaktion ist jedoch nicht dem Mitarbeiter in die Schuhe zu schieben. Vielmehr bietest du dich als Instrument an. Oft erscheint es uns einfacher und wirkungsvoller, die gestellten Fragen schnell zu beantworten, als uns in einen Dialog darüber zu begeben. Das ist auch eine Frage der aufzuwendenden Energie in dem jeweiligen Moment und insoweit durchaus nachvollziehbar und begründbar.

»

Ein gern gemachte Fehler:

Erziehung zur Unselbstständigkeit.

«

Mir geht es dabei um einen Effekt, den ich gerne »Erziehung zur Unselbstständigkeit« nenne. Der Mitarbeiter braucht nicht mehr nachzudenken. Die Führungskraft liefert alle Antworten oder Lösungen auf dem sogenannten Silbertablett. Oftmals beobachte ich, dass sich Führungskräfte in diesen Momenten richtiggehend geschmeichelt fühlen. Es geht also vermeintlich mehr um das eigene Ego als um das beste Resultat. Eine andere Ausprägung liegt vor, wenn eine Führungskraft bei jedem Thema gefragt werden möchte. Zwar behauptet sie, dass es ihr gar nicht wichtig sei, überall mitzureden, und dennoch möchte sie in jedem Fall gefragt werden und ihren Senf dazu geben. Aus meiner Perspektive ist es nicht verwunderlich, wenn Mitarbeiter daraufhin irritiert bis verwirrt sind.

Worauf kommt es nun an? Sind Mitarbeiter dann eine größere Unterstützung, wenn sie eigentlich nur das tun, was wir wollen und ihnen im kleinsten Detail vorkauen? Oder brauchen wir Mitarbeiter, die selbstständig denken, handeln und Entscheidungen treffen? Für mein Dafürhalten ist es unverzichtbar, dass Mitarbeiter grundsätzlich in der Lage sind, eigenverantwortlich oder sogar unternehmerisch zu agieren. Wir brauchen starke Persönlichkeiten, die Verantwortung übernehmen und gute Lösungen für jedes auftretende Problem finden.

Deshalb ist die Art von Fragen, die du regelmäßig stellst, so wichtig. Stell in Zukunft weniger fest oder antworte nicht direkt, sondern frage smart zurück. Dazu ist es hilfreich, sich mit verschiedenen Fragetypen zu beschäftigen. Tatsächlich handelt es sich dabei um eins meiner Lieblingsthemen, weil ich um die positive Wirkung von Fragen weiß und diese selbst in verschiedenen Kontexten nutze. Du wirst dich vielleicht ein wenig in die Zeit deiner Grundausbildung zurückversetzt fühlen, als du dich mit grundsätzlichen Frageformen beschäftigt hast. Verstehe dieses Kapitel deshalb gerne als Auffrischung – darüber hinaus bin ich mir sehr sicher, dass du weitere, für dich neue Wege, clevere Fragen zu stellen, entdeckst.

Offene Fragen

Der Klassiker unter den Fragearten sind offene Fragen. Damit erhältst du für gewöhnlich die Informationen, die du brauchst oder die dir wichtig sind. Im Zweifel erfährst du dabei zwar nicht viel über die Person, in Bezug auf die gewünschte Auskunft sind sie aber stets verlässlich. Sie beginnen typischerweise mit folgenden Fragewörtern:

Wer?
Was?
Wo?
Wie?
Wann?
Inwieweit?

Öffnende Fragen

Weniger verbreitet und dennoch hoch relevant ist die zweite Fragenkategorie. Mit öffnenden Fragen erfährst du schon deutlich mehr über deinen Mitarbeiter. Wenn du also eine Ebene tiefer gehen möchtest, nutze die nun genannten Fragewörter zu Beginn deiner Fragen:

Wieso?
Weshalb?
Warum?

Achtung: Mit öffnenden Fragen wirst du mit an Sicherheit grenzender Wahrscheinlichkeit eine Erklärung oder gar eine Rechtfertigung der befragten Person anregen. Es kann also sein, dass sich diese Fragen für dein Gegenüber unangenehm anfühlen oder es sich in einer emotionalen Weise eingeladen fühlt, sich zu offenbaren oder sich zu rechtfertigen. Ganz bewusst grenze ich diese Fragen gegenüber den offenen Fragen ab, um in der betreffenden Situation genau die Information zu erhalten, die hilfreich ist oder benötigt wird.

Geschlossene Fragen

Ebenfalls ein Klassiker unter den Fragearten sind geschlossene Fragen. Wenn du eben nur erfahren möchtest, ob etwas zutrifft oder nicht, wählst du die geschlossenen Fragen. Ihnen wird mit großer Wahrscheinlichkeit ein »Ja« oder »Nein« als Antwort folgen. Geschlossene Fragen beginnen beispielsweise wie folgt:

»Hast du?«
»Kannst du?«
»Willst du?«
»Wirst du?«
»Würdest du?«
»Machst du?«

Du wirst als aufmerksamer Leser dieses Buchs bereits herausgefunden haben, dass ich nicht gerne Dinge ausschließe oder von vornherein verurteile. Ähnlich ist es bei den Fragen, die du stellst. Je nach Ziel kann in meiner Wahrnehmung jede Frage Sinn ergeben und mich in der Kommunikation mit meinem Mitarbeiter einen entscheidenden Schritt weiterbringen. Sei dir deshalb bewusst, was du genau wissen möchtest oder worauf deine Frage abzielt, bevor du dich für eine bestimmte Art von Frage entscheidest.

Alternative Fragen

Mit der alternativen Frage lässt du deinen Mitarbeiter zwischen zwei oder mehreren Varianten wählen. Er wird also eine Entscheidung treffen, welche der von dir genannten Alternativen er bevorzugt. Fragen dieses Typs lauten üblicherweise wie folgt:

»Willst du dieses oder jenes?«
»Welche Variante ist dir lieber: A oder B?«

Zirkuläre Fragen

Diese Frageart lernte ich während meiner Ausbildung zum Business-Coach kennen und ich schätze sie seitdem sehr. Zirkuläre Fragen ermöglichen dir, über einen gedanklichen Umweg etwas zu fragen, wodurch sich das Antwortspektrum erheblich erweitern kann. Sie sind nicht immer ganz einfach zu stellen, es lohnt sich jedoch sehr, diese Frageart einzusetzen, wenn du eine besser durchdachte Antwort erreichen möchtest. Zirkuläre Fragen können zum Beispiel folgendermaßen klingen:

»Was würde dein Partner dazu sagen, dass du dieses und jenes vorhast?«
»Was schätzt du, wie deine Kollegen in dieser Situation reagieren würden?«

Der Frageweg führt also immer über eine oder mehrere dritte Person(en), die du in deine Frage einbindest. Der Antwortende wird darüber nachdenken, was die genannte(n) Person(en) wohl dazu sagen oder wie sie reagieren würde(n). Dadurch kann ein Denkanstoß erreicht werden, der dem Fragenden vielleicht sehr weiterhilft. Ebenso kann es deine Wahrnehmung oder Einschätzung des befragten Mitarbeiters beeinflussen, weil du dessen Denkmuster viel besser verstehst.

Lösungsorientierte Fragen

Die lösungsorientierte Frage stelle ich immer gerne dann, wenn ein Problem an mich herangetragen wird oder wurde. Indem ich eine solche Frage stelle, bringe ich mein Gegenüber gedanklich in Richtung einer Lösung. Das hilft insbesondere dann, wenn du Mitarbeiter hast, die oft eher in Problemen denken als in Lösungen. Bei dieser Frageart nutze ich tendenziell eher offene Fragen, zum Beispiel:

»Welche Lösung fällt dir ein?«
»Wie sieht aus deiner Sicht die beste Lösung aus?«

Oft fällt es Mitarbeitern schwer, lösungsorientiert zu denken, und sie sehen sprichwörtlich den Wald vor lauter Bäumen nicht. In solchen Situationen kann es sehr hilfreich sein, wenn du als Führungskraft den notwendigen Impuls in Richtung Lösung oder Lösungsfindung gibst.

Fragen nach dem Unterschied

Die Frage nach dem Unterschied kann sowohl für Einschätzungen als auch für Beurteilungen hilfreich sein. Du wirst vom antwortenden Mitarbeiter in jedem Fall erfahren, wie sich etwas von etwas anderem unterscheidet, und nebenbei ebenfalls seine Ideen, Einschätzungen oder Denkmuster kennenlernen. Mögliche Fragen könnten im Kern wie folgt klingen:

»Wir haben hier nun Variante A und Variante B: Wie unterscheiden sich beide voneinander?«
»Welchen Unterschied macht es aus deiner Sicht, wenn wir diese oder jene Variante wählen?«

Diese Art von Frage kann gegenüber deinem Mitarbeiter sehr wertschätzend sein, weil du die Gedanken, die er sich vorher darüber gemacht hat, in Erfahrung bringst. Dadurch signalisierst du, dass dir seine Meinung wichtig ist und du seine Einschätzung gegebenenfalls in deinen anschließenden Entscheidungsprozess miteinfließen lässt.

Skalierungsfragen

Mit Skalierungsfragen arbeite ich ebenfalls sehr gerne, wenn ich eine Einschätzung zu etwas brauche. Hierbei wird jedoch stärker auf eine bestimmte Wertigkeit hin nachgefragt. Das kann hilfreich sein, wenn du einen Sachverhalt nicht vollkommen einschätzen kannst und beispielsweise eine Priorisierung deines Mitarbeiters benötigst. Die Fragen klingen dann wie folgt:

»Auf einer Skala von null bis hundert: Wo stehen wir etwa mit dem Projekt?«
»Wie lautet deine Einschätzung zur Wichtigkeit dieses oder jenes Themas: Liegt es eher bei eins oder bei zehn?«

Falls hilfreich, kannst du nach der gegebenen Antwort weiterfragen und in die Tiefe gehen. Zum Beispiel, indem du fragst, warum dein Mitarbeiter sich für diese Einschätzung entschieden hat. Genauso könntest du fragen, was aus seiner Sicht noch zum Erreichen der nächsten Skalierungsstufe fehlt.

Hypothetische Fragen

Die hypothetische Frage stellst du deinem Mitarbeiter, wenn du ein (noch) nicht real existierendes Szenario abfragen oder hinterfragen möchtest. Im Fall hypothetischer Fragen nutze ich den Konjunktiv, um klarzumachen, dass es sich um eine Annahme oder einen theoretischen Denkansatz handelt. Mögliche Fragen lauten dementsprechend:

»Mal angenommen, wir würden so oder so vorgehen: Was hieltest du davon?«
»Stell dir mal vor, wir könnten dieses oder jenes anders machen: Was wäre das dann?«

Du kannst auch mit Fragen dieser Art enorm wertschätzend sein, weil du deinem Mitarbeiter die Chance gibst, seine Meinung zu äußern, und weil er das gute Gefühl bekommt, dass dir seine Meinung wichtig ist.

Zusammenfassende Fragen

Oft sind Sachverhalte kompliziert oder sehr umfangreich. Dann hilft es, das Verstandene kurz zusammenzufassen und eine weiterführende Frage zu stellen. Auch bei kleineren Themen kann es sich lohnen, den bei dir angekommenen Inhalt kurz zusammenzufassen und eine weitere Frage anzuschließen. Du stellst diese Frage wie folgt:

»Dieses und jenes habe ich gerade verstanden: Welchen Schritt schlägst du als Nächstes vor?«
»Wenn deine Botschaft gerade richtig bei mir angekommen ist, also dieses und jenes: Welche Lösung bevorzugst du?«

Hier kannst du dich nicht nur im wirklichen Zuhören üben, sondern auch noch weitere Fragen anschließen. Ist die Zusammenfassung nicht vollständig oder fühlt sich dein Mitarbeiter nicht richtig verstanden, wird er etwas ergänzen oder dir weitere Informationen zukommen lassen.

Aus meiner regelmäßigen Arbeit mit Führungskräften aller Hierarchieebenen weiß ich, dass das Thema der richtigen Fragen zur richtigen Zeit häufig optimierungsfähig ist. Ganz nebenbei kannst du über jede Frage, die du deinem Mitarbeiter (zurück-)stellst, bei ihm einen Gedankenprozess anregen oder ihn indirekt auf eine höhere Ebene der Selbstverantwortung befördern. Deshalb ordne ich Fragen in die Kategorie »hoch relevante Impulse« ein, ohne die eine moderne Führungskraft in der Zukunft nicht mehr auskommt.

Tool 2: Gut gespiegelt ist halb gewonnen

Viele der wichtigsten Impulse, die ich meinen Mitarbeitern geben konnte, entstanden aus der Reflexion heraus. Ein wahres Feuerwerk an Erkenntnissen ergibt sich, wenn du deine Mitarbeiter bei dem, was sie tun, erlebst und ihnen dazu hoch kompetent Feedback gibst. Beim Thema Reflexionsqualität trennt sich meiner Erfahrung nach die Spreu vom Weizen. Tatsächlich schaffen es wenige Führungskräfte, auf hohem Niveau Feedback zu geben und damit wirklich nennenswerte Impulse zu setzen.

Das beunruhigt mich insofern, als ich davon überzeugt bin, dass in Zeiten von Agilität und projektbezogener Zusammenarbeit die Feedbackkompetenz von Führungskräften eine der wichtigsten Kompetenzen überhaupt ist. Deshalb arbeite ich mit höchster Leidenschaft und Energie genau an diesem Thema. Wann immer ich kann, möchte ich Führungskräften dabei helfen, ihre Feedbacks zu professionalisieren und zu einem echten Mehrwert für ihre Mitarbeiter werden zu lassen.

Wer mich kennt oder sogar schon eine Reflexion von mir erhalten hat, weiß, wovon ich spreche beziehungsweise was gemeint ist. Wenn du nicht zu denen gehörst, die ich mit Feedback begeistern durfte, bekommst du in den folgenden Absätzen meine besten Empfehlungen für ein starkes und bewegendes Feedback. Im Kern geht es darum, deinem Mitarbeiter im übertragenen Sinn den Spiegel vorzuhalten. Allerdings angereichert mit den Beobachtungen, die du für ihn bereitstellst und die er ohne dich nicht hätte. Eine wunderbare Gelegenheit, wertvollste Impulse zu geben und zu helfen, dein Gegenüber Stück für Stück noch besser werden zu lassen.

1. Wähle deine Einstellung

Feedback und Reflexion sind auf der einen Seite relativ intim und persönlich. Auf der anderen Seite handelt es sich dabei um ein überaus mächtiges und wichtiges Instrument. Es kommt sehr stark darauf an, wie du das Thema Feedback an sich bewertest, bevor du damit in die Umsetzung gehst. Wenn du selbst Feedback als Nebensache oder wenig(er) wichtig betrachtest, wirst du vermutlich auch in dieser Wertigkeit Feedback geben. Wenn du es jedoch in seiner Wirkungsweise als relevant und wichtig einschätzt, wird sich auch deine Feedbackqualität erhöhen.

Ebenso wichtig finde ich, wie deine Einstellung oder Haltung zum jeweiligen Mitarbeiter ist, dem du Feedback gibst und damit in gewisser Hinsicht den Spiegel vorhältst. Wenn du ihn vorher bereits weniger geschätzt hast, wird sich das vermutlich auch in deiner Reflexion ausdrücken. Je neutraler bis positiv du ihn einschätzt, umso eher hat er die Chance auf wirklich hochwertige Feedbackimpulse von dir.

Achte also auf deine grundsätzliche Einstellung: sowohl dem Thema Feedback als auch dem betreffenden Mitarbeiter gegenüber.

2. Fördere eine Feedbackkultur

Je regelmäßiger und konkreter du mit deinen Mitarbeitern über deine Wahrnehmungen von ihnen sprichst, umso eher wird ein hilfreicher Abgleich mit den erwarteten Leistungen möglich sein. Ihr seid idealerweise fortlaufend im Dialog und du nimmst dir regelmäßig Zeit für hochwertige Reflexion. Das bedeutet nicht nur Würdigung und Wertschätzung deinen Mitarbeitern gegenüber. Es bedeutet auch, dass du an ihnen interessiert bist und ihnen dabei helfen willst, sich weiterzuentwickeln. Im besten Fall geben dir deine Mitarbeiter sogar ebenfalls Feedback und ihr übt euch gegenseitig in regelmäßiger Reflexion. Das fördert ein vertrauensvolles Miteinander und eine gute Umgangskultur.

Dabei ist es unerlässlich, eine gewisse Haltung zum Thema Feedback aufzubauen. »Feedback ist ein Geschenk«, sagte einst meine Trainerausbilderin, und davon profitiere ich bis heute. Wenn Feedback tatsächlich ein Geschenk ist, darf sich jeder überlegen, was er damit macht. Wenn du dieses Sinnbild konsequent weiterdenkst, bedeutet dies für dich als Führungskraft, dass jeder Mitarbeiter am Ende selbst entscheidet, was er aus deiner Rückmeldung für sich mitnimmt.

Durch das erhaltene Feedback entsteht keine Handlungsaufforderung oder gar -anweisung. Der Mitarbeiter entscheidet bei seiner Interpretation des Feedbacks, ob und was er ändern oder anpassen möchte. Diese Grundeinstellung ist deswegen wichtig, weil sie den Handlungsdruck aus dem Thema

Feedback herausnimmt und es damit zu dem werden lässt, was es im besten Fall ist: der vielleicht wirkungsvollste Schlüssel zu Wahrnehmungen, Interpretationsmöglichkeiten und Optimierungsfeldern. Wenn du dieses Mindset verinnerlichst und in deinem Team etablierst, wirst du in einer gelebten Feedbackkultur hoch relevante Impulse setzen und damit eine kontinuierliche Verbesserung erreichen.

3. Hol dir Feedbackbereitschaft ein

Selbst wenn du vorher bereits vereinbart hast, dass du Feedback geben wirst: Frage dennoch, ob dein Gegenüber bereit ist, Feedback zu bekommen. Es handelt sich hierbei nicht nur um einen Akt des Respekts. Du stellst damit auch sicher, dass dein Mitarbeiter wirklich bereit ist. Das kann den Feedbackvorgang in gewisser Weise formalisieren und zu etwas Besonderem werden lassen. Außerdem stellst du sicher, dass es nun die offizielle Legitimation gibt, wirklich Feedback geben zu dürfen.

4. Finde auch positive Dinge

Viele Menschen sind es gewohnt, nahezu ausschließlich kritische Rückmeldungen zu bekommen, wenn sie Feedback erhalten. Es fällt uns häufig leichter, die negativen Dinge zu erkennen, als uns auf positive Aspekte zu konzentrieren. Generell halte ich es daher für enorm wichtig, dass du neben den optimierungsfähigen Aspekten unbedingt auch positive Dinge herausarbeitest. Ob du es glaubst oder nicht: Wenn du es möchtest, lassen sich immer positive Aspekte finden. Mindestens ein positives Merkmal nenne ich bei jedem Feedback zu Beginn und bereits dann ist zu spüren, wie erleichtert die Feedbacknehmer darauf reagieren. Das hilft, um ihnen die nötige Wertschätzung entgegenzubringen und ihnen eine gewisse Last von den Schultern zu nehmen. Schließlich mag niemand gerne ausschließlich kritisiert werden.

5. Frage nach der gewünschten Ehrlichkeit

Fast schon ein Geheimtipp und höchst wirkungsvoll: Frage deinen Mitarbeiter, wie ehrlich du sein darfst. Auch wenn es sich dem ersten Anschein nach um eine rhetorische Frage handelt, liegt es mir sehr am Herzen zu klären, ob ich wirklich sagen darf, was wichtig ist. Spannenderweise habe ich noch nie ein Nein zur Antwort bekommen. Von nun an darf alles gesagt werden, was deinem Gegenüber weiterhilft, und sollte es einmal etwas mehr zur Sache gehen, wird der andere dies aufgrund der vorherigen Abklärung als legitim empfinden. Wobei es in meiner Interpretation bei Feedback niemals darum geht, den anderen bloßzustellen oder in einem schlechten Licht erscheinen zu lassen. Feedback ist meines Erachtens ein hochgradig seriöses Werkzeug, das dabei helfen kann, Menschen mehr über sich erfahren zu lassen.

6. Finde eine angemessene Dosierung

Feedback kann schnell überfrachtet werden und deinen Mitarbeiter komplett überfordern. Entscheide dich deshalb für wenige, wirklich relevante Themen, auf die du dich bei deiner Reflexion konzentrierst. Wenn du zu viele Feedbackpunkte auf einmal vorbringst, verliert der Mitarbeiter schnell den Überblick und kann auch kaum Priorisierungen vornehmen. Denke stets daran: Auch die Feedbacksituation an sich kann für deinen Mitarbeiter Stress bedeuten. Er wird also dankbar sein, wenn du ihm eine überschaubare Menge an wirkungsvollem Feedback präsentierst.

7. Sei strukturiert und konkret

Wenn ich einen Feedbackauftrag bekomme, halte ich die wahrgenommenen Eindrücke und die relevanten Punkte fast stenografisch fest. Meine handschriftlichen Aufzeichnungen wirken für einen externen Beobachter sicher komplett unleserlich oder unstrukturiert. Da ich jedoch teilweise exakte Situationen oder Geschehnisse beschreibe, auf die ich mein Feedback beziehe, wird das Feedback für denjenigen, der es erhält, greifbar. Er wird das Feedback eher annehmen können und wollen. Je eindeutiger und konkreter deine

Schilderungen sind, umso höher die Feedbackqualität und umso höher auch die Identifikation des Mitarbeiters mit den vorgebrachten Punkten. Dadurch entsteht im Zweifel auch gar nicht erst die Diskussion, ob das Feedback berechtigt oder richtig ist. Oft erlebe ich genau solche Diskussionen zwischen Führungskräften und ihren Mitarbeitern. Dabei geht es nicht um die Richtigkeit, sondern um einen gewonnenen Eindruck zur jeweiligen Situation. Das ist wichtig, um gar nicht erst Fragen aufkommen zu lassen, was wohl von dem Feedback zu halten ist, welches du dem Mitarbeiter gibst.

8. Baue eine Feedbackstory auf

Wenn möglich, überlege dir im Sinne eines roten Fadens, wie du dein Feedback dramaturgisch präsentierst. Dabei geht es gar nicht um einen begeisternden Vortrag, sondern um eine schlüssige und gut nachvollziehbare Story. Sehr häufig fallen mir bei meinen Beobachtungen Themen auf, die sich sehr gut in eine gewisse Reihenfolge bringen lassen. Daraus entwickelt sich eine zusammenhängende Story, die es für deinen Mitarbeiter einfacher macht, das Feedback zu verstehen, nachzuvollziehen und vor allem richtig einzuordnen. Damit wird die Akzeptanz steigen und dein Gegenüber wird eher bereit sein, sich den vorgebrachten Inhalten angemessen kritisch zu stellen.

9. Fördere einen Feedbackdialog

Viele Führungskräfte sehen Feedback als Einbahnstraße, in welcher nur in eine Richtung gesendet wird. Dieses Vorgehen wird auch häufig gelehrt oder propagiert. In meiner Wahrnehmung und als Empfehlung für dich als Führungskraft darf zu jedem gegebenen Feedback auch gerne ein Dialog beziehungsweise Austausch erfolgen. Sicher nicht derart, dass das Feedback oder eine entstandene Wahrnehmung angezweifelt oder umgedeutet wird. Sondern eher in der Form, dass über notwendige Konkretisierungen oder weiterführende Optimierungsideen zu vorgebrachten Punkten gesprochen werden darf. Es geht also im Kern eher um einen lösungs- und zukunftsorientierten Dialog als um eine mögliche Kritik an der vorgebrachten Kritik.

10. Denke und interpretiere Feedback vorwärts

Häufig beobachte ich, dass Feedback rückwärtsgewandt ist. Es wird über Geschehenes und zurückliegende Ereignisse gesprochen, was natürlich auch in der Natur der Sache liegt: Der Begriff »Reflexion« geht auf das lateinische »reflexio« zurück und meint »das Zurückbeugen«. Dennoch geht es in dieser besonderen Art von Impuls um die Entwicklung, die initiiert oder angestoßen wird. Bringe mit deinem Feedback etwas in Bewegung, von dem du überzeugt bist, dass es deinen Mitarbeiter wirklich weiterbringt. Verliere dich nicht in vergangenen Ereignissen, sondern gestalte mit deinen hilfreichen Rückmeldungen die zukünftige optimierte Umsetzung. Mitarbeiter sind enorm dankbar für diese Art von Impulsen, weil sie lernen und sich weiterentwickeln dürfen. Dein Ansehen als Führungskraft wächst also in demselben Maß, wie du deine Mitarbeiter kontinuierlich förderst.

Gut gespiegelt ist also mindestens halb gewonnen: Wenn dein Feedback zu einem wahrhaftigen Erlebnis wird und echten Mehrwert für deine Mitarbeiter bringt, dann bist du am Ziel.

Tool 3: Der Blick von oben

In vielen Situationen hilft es, sich bestimmte Sachverhalte oder Ereignisse aus einer erweiterten Perspektive anzusehen. Dazu wähle ich in der Praxis gerne eine übergeordnete Perspektive, die sogenannte Metaperspektive. Stell dir also bitte vor, wie du die Gesprächssituation mit deinem Mitarbeiter reflektierst und dazu aktiv die Perspektive wechselst. Du steigst sozusagen einige Stufen auf einer imaginären Leiter hinauf und betrachtest euren Dialog von oben. Das kann sowohl in der jeweiligen Situation als auch im Nachhinein erfolgen. Du betrachtest, wie ihr euch begegnet, wie ihr miteinander umgeht und welche kommunikativen Mittel ihr einsetzt. Diese Art der Betrachtung ist deswegen stark wirksam, weil du Möglichkeiten entdeckst, wie du bestimmte Elemente der Interaktion verbessern kannst. Steckst du nämlich selbst als Betroffener oder Beteiligter in der Situation fest, siehst du oft den Wald vor lauter Bäumen nicht. Dementsprechend bist du auch nicht in der Lage, wirkungsvolle Interventionen einzubringen. Es kommt also häufig darauf an, dass wir die Perspektive wechseln, um wieder handlungsfähig zu sein.

Folgende Ebenen können aus der eingenommenen Metaperspektive betrachtet werden:

Kommunikation

Du erkennst, welche kommunikativen Mittel gewählt werden und welche Kommunikationswege jeder Einzelne beschreitet. Stell dir beispielsweise vor, dass du als Führungskraft sehr häufig dazu neigst, dich im Ton zu vergreifen. Du kommst also vielleicht gereizt oder angestrengt rüber. Das stört die Beziehung zwischen dir und deinem Mitarbeiter spürbar. Jedoch findest du keinen Hinweis dafür, was falsch läuft oder woran es liegen könnte. In diesem Fall hilft dir die Metaperspektive. Du erkennst, wenn du dich selbst wie bei einem Theaterstück auf der Bühne beobachten kannst, wie du dich in der jeweiligen Situation verhältst. Das führt dazu, dass du dich in einem anderen Licht wahrnimmst und dir schädliche oder nicht konstruktive Kommunikationsmuster viel eher bewusst werden. Die Metaperspektive ermöglicht dir auch, im ersten Schritt eine gewisse Distanz zu dem Ereignis einzunehmen. Bei dieser Art der Reflexion bist du quasi nur ein Darsteller und kannst dein eigenes Verhalten komplett auf dich wirken lassen. Auf diese Weise erkennen Führungskräfte nahezu immer ihre typischen Fehler in vielfältigen Kommunikationssituationen. Das wiederum ermöglicht völlig neue Möglichkeiten der Gestaltung oder sogar der konkreten Veränderung des eigenen Führungsverhaltens. Darüber hinaus ist es möglich, eine Kommunikation über die Kommunikation auszulösen. Dabei sprichst du mit deinem Mitarbeiter darüber, wie ihr gerade miteinander sprecht oder interagiert. Ihr könnt konkretes

Kommunikationsverhalten sofort anpassen oder euch wieder annähern, falls eure Kommunikation suboptimal war.

Verhalten

Oft verhalten sich Führungskräfte, obwohl sie es gar nicht wollen, ungünstig bis komplett daneben. Das führt zu weiteren schwierigen Situationen oder kritisch-dynamischen Entwicklungen. Genau für diese Verhaltensweisen ist die Impulsform der Metareflexion im höchsten Maß geeignet. Du kannst dabei als Führungskraft entweder in der unmittelbaren Situation aus der übergeordneten Perspektive reflektieren oder retrospektiv, also in der Rückschau. Beides hilft, bestimmte Verhaltensmuster wirkungsvoll aufzudecken und ihnen schnell und sehr konkret entgegenzuwirken. Damit kannst du viele Situationen retten, bevor du Gefahr läufst, dass sie sich noch weiter zuspitzen. Auch kannst du Begegnungen entschärfen und auf diese Weise vermeiden, dass sich beispielsweise ein Konflikt aufbaut oder womöglich eskaliert.

Lösungsorientierung

Manchmal sind Kommunikations- oder Interaktionssituationen recht verfahren. Es fehlen wichtige Impulse, um sich in Richtung einer guten oder annehmbaren Lösung entwickeln zu können. Auch hier hilft die metaperspektivische Reflexion. Sieh dir mit deinem Mitarbeiter aus der Zuschauerperspektive an, ab welchem Punkt sich die betreffende Situation schwierig entwickelt hat. Genauso könnt ihr herausarbeiten, durch welche konkrete Reaktion sich eine bestimmte Dynamik ergeben hat. Ihr geht in eine wertvolle Metaanalyse und klärt das entsprechende Missverständnis auf. Gegebenenfalls handelt es sich sogar um ein regelmäßig wiederkehrendes Element eurer Kommunikation, welches ihr entdeckt. In diesem Fall wird über die Metareflexion sogar eine grundsätzliche Klärung möglich.

Die große Kunst bei diesem enorm wirkungsvollen Impulselement ist die Einnahme einer übergeordneten Perspektive. Dazu darfst du die jeweilige Situation gewissermaßen einfrieren, um dann in eine Zwischenreflexion zu gehen. Du unterbrichst also das Geschehen und lädst die Beteiligten zur Reflexion ein, indem du ganz gezielt fragst: »Was passiert hier gerade? Wie können wir damit konstruktiv umgehen?« Das erfordert viel Fingerspitzengefühl, ein gutes Gespür und manchmal auch ein wenig Mut. Wurde der wichtige Schritt zur Metareflexion gemacht, erweist er sich jedoch (fast schon garantiert) als perfektes Klärungsinstrument.

Tool 4: Reize und ihr besonderer Reiz

Das Reizvolle an gesendeten Reizen ist die damit ausgelöste Resonanz. Im sogenannten Reiz-Resonanz-Prinzip geht es stets darum, eine bestimmte Resonanz auszulösen. In manchen Fällen geht es auch darum, das Gegenüber zu provozieren. Im positiven Sinn genutzt, bietet es dir somit eine hervorragende Möglichkeit, deine Mitarbeiter aus der Reserve zu locken oder sie auf diese Weise womöglich eine völlig neue (Denk-)Richtung einschlagen zu lassen. Reize können hierbei auf allen Sinneskanälen gesendet werden. Du kannst beispielsweise deine Stimme nutzen, um einen akustischen Reiz zu setzen. Der Reiz als wichtiges Element im Frame-Impuls-Prinzip wird dabei stets zielgerichtet und bewusst gesetzt. Im Fall des eben genannten stimmlichen Reizes könntest du beispielsweise versuchen, in bestimmten Situationen besonders leise zu sprechen. Wenn du das bereits erlebt hast, weißt du, wie spannungsgeladen Situationen werden können, wenn jemand besonders leise spricht. Der angesprochene Mitarbeiter wird konzentrierter sein müssen, um nichts vom Gesagten zu verpassen. Dadurch baut sich eine besondere Atmosphäre auf, in der alle konzentrierter zuhören. Das wiederum führt zu einer gewissen Ruhe im Raum. Ebenso kannst du auch andere akustische

Reize setzen. Die Bandbreite reicht hier von Musik bis hin zu Klangkörpern, die eine bestimmte Situation besonders spannend oder interessant machen.

Manchmal habe ich in Meetings oder Workshops verschiedene Klingeln dabei, wie sie beispielsweise an Hotelrezeptionen genutzt werden. In der richtigen Situation eingesetzt, können sie dem besonderen Moment, den du erschaffen willst, eine entsprechend magische Note geben.

Viele Reize können im visuellen Bereich gesetzt werden. Hierbei werden optische Effekte genutzt, um deine Mitarbeiter mit dem gewünschten Impuls zu erreichen. Mögliche Varianten sind kleine Filme oder auch eine schauspielerische Einlage. In puncto Kreativität ist alles erlaubt, was dich dem gewünschten Ziel ein Stück näher bringt. Im Bereich der visuellen Reize nutze ich gerne Skizzen oder im Kontext entstandene Visualisierungen, beispielsweise am Whiteboard oder Flipchart. Gelingt es dir, einen wichtigen Impuls, den du geben möchtest, auch akustisch und visuell zu setzen, erhöht sich dessen Prägnanz erheblich. Wenn du also beispielsweise deine entstandene Skizze und die dahinterstehenden Gedanken mit eigenen Worten erklärst, wirst du eine vielfach höhere Wirkung erzielen können, als wenn du nur über einen Kanal kommunizierst.

Der dritte Sinneskanal triggert den haptischen Sinn. Hier darf dein Mitarbeiter beispielsweise einen inhaltlich passenden Gegenstand mit eigenen Bewegungen erforschen. In handwerklichen oder produzierenden Bereichen ist das haptische Empfinden sicher ohnehin stark ausgeprägt, während diese Reize in kaufmännischen Segmenten unterschätzt werden.

In meinen Events nutze ich deshalb oft Gegenstände oder Artikel, um einen gewünschten Impuls zu setzen oder zu verstärken. Alle drei Sinneskanäle erreiche ich übrigens häufig mit den vermeintlich unscheinbarsten Hilfsmitteln. In einem Impulsvortrag vor großem Publikum setze ich zum Beispiel gerne Luftballons ein, um folgendes Szenario zu beschreiben: Ein prall mit Luft gefüllter Ballon steht für volle Energie. Jede Störung von außen – ein Anruf, der dich aus deinem Gedanken herausreißt, eine unfreundliche Ansprache durch einen Kollegen – führt dazu, dass der Ballon Luft verliert und du an Energie einbüßt. Dadurch wird das Beschriebene unmittelbar vor Augen geführt. Das Ganze ist auch im Teamkontext eines Meetings oder Mitarbeiterworkshops denkbar. Werden die Teilnehmer dann selbst eingebunden, indem sie eine bestimmte Aufgabe mit dem Luftballon erledigen, ist der gewünschte Reiz mit hoher Wahrscheinlichkeit hochgradig wirkungsvoll gesetzt. Zum Beispiel kannst du deine Mitarbeiter darum bitten, im Sinne einer Selbsteinschätzung den Ballon so weit aufzublasen, wie es ihrem wahrgenommenen Energielevel entspricht.

Einige Beispiele zur konkreten Umsetzung von Reizen findest du hier:

Töne oder Musik

Spiele an bestimmten Stellen deiner Präsentation ein Geräusch oder ein passendes Musikstück ein. Du stellst fest, wie sich die Aufmerksamkeit deiner Mitarbeiter verändert und wie eine stärkere Fokussierung auf ein jeweiliges Thema gelingt.

Bild oder Darstellung

Zeige im Kontext des Impulses, den du geben möchtest, ein dazu passendes Bild. Dieses kann anregend, bewegend, emotionalisierend, schockierend, unterhaltsam oder witzig sein. In diesem Moment lockert sich die Atmosphäre und deine Mitarbeiter werden sich bereitwillig öffnen.

Bewegung oder Aktion

Starte in ein bestimmtes Thema, indem du deine Mitarbeiter buchstäblich in Bewegung setzt. Wenn du beispielsweise über die nächsten Zielvorgaben in einem Projekt sprichst, kannst du mit Kreppband eine Skala von eins bis zehn auf dem Boden anbringen. Lade deine Mitarbeiter dann ein, ein paar Schritte zu gehen und sich auf dieser Skala zu positionieren, und zwar im Hinblick darauf, was sie sich in diesem Zusammenhang an Leistung zutrauen. Durch die Bewegung in Einklang mit dem Thema, um das es geht, werden neue Verknüpfungen im Gehirn geschaltet, die mitunter bewusstseinserweiternd wirken.

Im Bereich der Reize lege ich stets großen Wert darauf, dass diese kontextbezogen sind oder zum jeweiligen Thema passen. Es finden also bestenfalls ausschließlich Reiz-Resonanz-Szenarien statt, die zu einer bestimmten Botschaft passen oder einer gewünschten Dramaturgie folgen. Hier geschieht nichts zufällig und jeder gesetzte Reiz erfüllt einen gewissen Sinn beziehungsweise führt zu einer gewünschten Resonanz.

Wenn du das berücksichtigst, wirst du mit deinen Impulsen automatisch ins Schwarze treffen. An dieser Stelle schließt sich der Kreis zu dem, was ich weiter oben zur Notwendigkeit sehr gut aufgebauter Rahmen geschrieben habe: Beeindruckende oder besonders wertvolle Reize lassen sich am besten im geschützten, vertrauensvollen Rahmen umsetzen. Sorge also im Vorfeld dafür, dass du einen soliden und belastbaren Rahmen aufbaust. Dann werden deine Impulse noch mehr Nutzen bringen und zu umso besseren Ergebnissen führen.

Tool 5: Klaviatur der Darstellung

Um sehr besondere und einprägsame Impulse zu setzen, darfst du dich gerne der Möglichkeiten der Darstellung bedienen. Um eins gleich vorwegzunehmen: In diesem Impulsfeld ist es von besonderer Bedeutung, einen sicheren Rahmen aufgebaut zu haben. Das hängt unter anderem damit zusammen, dass bestimmte Elemente der Darstellung sonst entweder nicht wirken oder komplett falsch verstanden werden könnten.

Wenn du also per Impuls auf bestimmte Aspekte hinweisen oder ihnen eine besondere Bedeutung geben möchtest, hilft dir diese besondere Art der Veranschaulichung. Neben viel Übung ist ein gewisses Interesse an darstellender Kunst und Schauspielerei ebenfalls von Vorteil. In meiner Trainertätigkeit habe ich es in manchen Situationen als sehr wirkungsvoll erlebt, wenn professionelle Business-Schauspieler dazugebucht wurden. Für deinen Alltag als Führungskraft wird dies in der Regel jedoch nicht notwendig sein: Die darstellerischen Stilelemente, die du in diesem Buch kennenlernst, kannst du auch ohne Schauspielerausbildung anwenden und umsetzen.

Verstärkung und Übertreibung

In vielen Situationen wird uns ein bestimmter Aspekt erst dann richtig bewusst, wenn er exponiert hervorgehoben wird. Stell dir also beispielsweise vor, dass einer deiner Mitarbeiter in einem Meeting oder Team-Workshop eine Aussage zu einem wichtigen Sachverhalt tätigt. Du findest diese Aussage im besonderen Maß hilfreich und willst sie entsprechend betonen. Im Sinne einer verstärkenden Wirkung könntest du seine Aussage im ersten Schritt verbal wiederholen. Ebenso könntest du seine Aussage für alle im Raum sichtbar auf ein entsprechendes Medium (Flipchart, Whiteboard, gegebenenfalls auch jeweils digital) schreiben und damit visualisieren. In einem dritten Schritt könntest du, zusätzlich zu deiner verbalen (also mündlichen) Wiederholung und der Visualisierung durch Schrift, eine spezielle Geste oder Bewegung machen. Dadurch bekommt die Aussage eine gewisse Betonung und du setzt damit einen sehr relevanten Impuls.

In meinen Trainings geschieht so etwas oft, wenn Teilnehmer einen offensichtlichen Lernerfolg haben. Häufig haben sie eine wertvolle Erkenntnis für sich gewonnen und teilen diese (noch) recht leise und eher zurückhaltend mit den anderen. Stimmt der aufgebaute Rahmen, nehme ich ebensolche Momente gerne auf und würdige die gewonnene Erkenntnis entsprechend. Ich verbalisiere den Lernerfolg des Teilnehmers, füge anerkennende Laute oder eine weitere Botschaft hinzu und gebe dieser Situation damit eine besondere Bedeutung. Der Teilnehmer fühlt sich dadurch in außergewöhnlicher Weise wahrgenommen, bestätigt und gewürdigt. Das führt zu einer Rückkopplung übrigens auch derart, dass der Teilnehmer und alle anderen Beteiligten wissen, dass es sich lohnt, über persönliche Lernerfolge zu sprechen. Diese besondere Form der Würdigung wirkt anregend und motivierend.

Zurück zu deinem Team-Workshop: Sagt also dein Mitarbeiter etwas sehr Hilfreiches, gib dieser Aussage einen positiven Anstrich und würdige sie entsprechend mit den dir zur Verfügung stehenden Mitteln des Ausdrucks.

Es ist hilfreich, stets im Hinterkopf zu behalten, dass Menschen immer nach Anerkennung suchen und du, indem du dieses Bedürfnis befriedigst, eine vorbildliche und respektvolle Umgangskultur in deinem Team aufbaust.

In ausgewählten Situationen nehme ich auch Wortbeiträge auf, denke sie weiter und skizziere aus ihnen eine konstruktive oder provokative Übertreibung. So können aus Wortbeiträgen über deren Aufgreifen und Weiterdenken neue Erkenntnissen entstehen. Ebenso kann auch eine Reaktion von dir in gewisser Weise übertrieben sein: Wenn beispielsweise dein Mitarbeiter etwas beiträgt und du in positiver Weise überrascht bist. Es ist erlaubt, diese Überraschung im Sinne einer übertrieben dargestellten Freude zum Ausdruck zu bringen.

Überlege dir also genau, welcher Impuls es dir in der jeweiligen Situation wert ist, exponiert dargestellt zu werden. Nutze dann die Möglichkeiten der Verstärkung oder der Übertreibung, um gesondert darauf hinzuweisen und damit Anerkennung auszudrücken. Falls du dir in Bezug auf deine darstellerischen Fähigkeiten nicht sicher bist, hole dir Unterstützung von Profi-Schauspielerinnen oder -Schauspielern. Werden darstellerische Mittel unbeholfen oder uneindeutig eingesetzt, kann es sehr schnell zu Missverständnissen oder kritischen Situationen kommen und der gewünschte Effekt verkehrt sich ins destruktive Gegenteil. Alle genannten Elemente lassen sich jedoch wunderbar proben, auch wenn die Inhalte jeweils andere sind.

Karikatur

Innerhalb eines wirklich stabilen, oft auch intimen Rahmens kann es in manchen Situationen hilfreich sein, einen einzelnen Beitrag oder eine Verhaltensweise gewissermaßen zu karikieren, um einen Stimmungswechsel zu bewirken. Dabei verstehe ich Karikatur als Überzeichnung, die eine positive Resonanz erzeugt: Die Beteiligten reagieren mit Heiterkeit, Lachen, Entspannung. In der konkreten Umsetzung nutze ich bestimmte Charakteristika meines Gegenübers, die mir aufgefallen sind, und interpretiere sie neu. Auf diese Weise entsteht – verbal, körpersprachlich, gestisch – eine Karikatur desjenigen, der diesen Beitrag (eine Aussage oder Idee) vorgebracht hat.

Wichtiger Hinweis: Es ist ein schmaler Grat zwischen Karikatur und dem Eindruck, dass sich jemand nicht ernst genommen fühlt. Setze diesen Impuls bitte nur dann um, wenn du dir absolut sicher bist, dass der aufgebaute Rahmen zu hundert Prozent passt und ihr eine sehr gute Verbindung aufgebaut habt. Es kann sonst zu sehr unangenehmen Reaktionen oder Dynamiken kommen, die hier nicht gemeint beziehungsweise gewünscht sind. Die Inhalte dieses Buchs zielen darauf ab, explizit wertschätzend, würdigend und aufrichtig mit Menschen umzugehen. Beachte also bitte zu jeder Zeit, dass die Aufrechthaltung der Würde und die Gesichtswahrung deiner Mitarbeiter stets höchste Priorität haben. Wenn du dir in bestimmten Situationen unsicher bist, verzichte lieber auf darstellerische Elemente und gib ein offenes, herzliches Feedback. Das ist ebenso hilfreich und zielführend, um deinen Mitarbeitern die nötige Würdigung zu schenken.

Wie du sicher gerade merkst, gibt es ein breites Spektrum von Möglichkeiten, um in den passenden Situationen starke Impulse zu setzen. Die Voraussetzung dafür ist stets eine hohe Aufmerksamkeit und Präsenz, um diese Momente überhaupt erst wahrzunehmen. Du benötigst also entsprechende Antennen und die zugehörigen Kapazitäten in deiner Wahrnehmung. Sorge deshalb idealerweise dafür, dass du dich wirklich auf deine Mitarbeiter konzentrieren kannst, um ebensolche Impulse zu setzen. Sie sind zwar extrem wirkungsvoll, es braucht jedoch auch die nötige Souveränität, um sie hochwertig ein- und umzusetzen.

Tool 6: Der Elefant will auf den Tisch

Sicher kennst du die Situation, dass manchmal etwas in der Luft liegt, das alle spüren, aber niemand ausspricht. Die Situation ist dann für gewöhnlich merkwürdig oder spürbar angespannt. Alle im Raum wissen, dass es ein Thema oder Problem gibt, jedoch wird dieses nicht explizit ausgesprochen. Oft hat das mit einer empfundenen Ungerechtigkeit zu tun, zum Beispiel wenn eine Führungskraft Mitarbeiterleistungen unterschiedlich bewertet und dadurch eine gewisse Schieflage im Team entsteht.

Der wertvollste Impuls, den du hier geben kannst, lautet: »Put the elephant on the table.« (Bring den Elefanten auf den Tisch.) Diesen Satz hörte ich vor vielen Jahren von einem Vorstandsvorsitzenden, der an einem meiner Trainings teilnahm. Mich faszinierte dieser Satz, und später erfuhr ich, was damit gemeint war. Es ging um genau die Stimmung oder Atmosphäre, die sich in (virtuellen oder realen) Räumen aufbauen kann und die so enorm groß oder relevant ist, als ob ein Elefant im Raum wäre. Teilweise sind solche Situationen sehr belastend oder erdrückend. Gerade deswegen ist es enorm wichtig, den Elefanten, der als Bild für dieses Thema steht, anzupacken oder gar zu zerlegen.

»

Schlechte Stimmung oder Spannung in der Luft?

Don't hesitate: Put the elephant on the table!

«

Tust du das nicht, wirkt sich das negativ auf deinen Erfolg aus. Der Elefant bleibt in diesem Fall im Raum und verhindert eine wirkungsvolle Zusammenarbeit und ein gemeinsames Vorankommen. Im Zweifel konzentrieren sich sogar alle nur noch auf diesen Elefanten im Raum und es sind keine produktiven Gedanken mehr möglich.

Um den Elefanten beim Rüssel zu packen, hilft eine recht simple Methode: Du sprichst aus, was (zumeist) sowieso alle denken, und stellst die Frage nach dem weiteren Vorgehen. Das klingt zum Beispiel wie folgt: »Geht es euch auch so, dass ihr denkt, dass wir ein noch nicht angesprochenes Thema im Raum haben? Wie wollen wir damit umgehen?« oder »Bestimmt spürt ihr auch, dass hier etwas nicht stimmt. Was machen wir damit?«.

Die Anwesenden sind dann oft mindestens ebenso verblüfft wie erleichtert: Endlich spricht es jemand an. Genau an dieser Stelle gibt es erfahrungsgemäß noch ein wenig Unsicherheit, ob auch wirklich darüber gesprochen werden darf oder nicht. Tritt dieser Fall ein, lade ruhig aktiv dazu ein, etwas dazu zu sagen. Habe auch Geduld und warte, bis sich deine Mitarbeiter trauen, etwas beizutragen. Es ist völlig normal, dass es hier zunächst eine gewisse Zurückhaltung gibt. Für gewöhnlich möchte keiner der Beteiligten der Buhmann sein oder den schwarzen Peter zugesprochen bekommen. Weil es sich erfahrungsgemäß um durchaus gewichtige oder auch heikle Themen handeln kann, die hinter dem Elefanten stecken.

Oft spielen bestimmte Beziehungssituationen oder parallele Dynamiken eine gewisse Rolle. Dahinter stecken jedoch die üblichen Ausprägungen menschlicher Gefühlszustände: Unsicherheit oder Unwohlsein, schlechte oder negative Erfahrungen, Angst oder Verletzungen. In jedem Fall ist das, was nun vermutlich zum Vorschein kommt, sehr ernst zu nehmen. Behandle jede in diesem Raum ausgesprochene Reaktion oder jeden Beitrag im höchsten Maß respektvoll. Es kann sein, dass du überrascht oder schockiert bist. Es kann sogar sein, dass es bei dem aufgebauten Elefanten um etwas geht, was unmittelbar mit dir selbst zu tun hat. Bleibe in diesem Fall ruhig und respektvoll. Dadurch, dass es ausgesprochen wird, erhältst du die Chance, darauf zu reagieren und im besten Fall eine abschließende Klärung zu erreichen.

Du wirst in jedem Fall feststellen, dass es sich anfühlt, als sei ein Ventil geöffnet worden. Der Dampf wird abgelassen und die offenen oder zu klärenden Sachverhalte werden auf den Tisch gebracht. Dies führt für gewöhnlich nicht nur zu starken Emotionen, sondern auch zu einer spürbaren Befreiung bis Entfesselung. Ist der Elefant erst niedergerungen oder zerlegt, ist eine große Hürde genommen und die Zusammenarbeit kann in völlig neuem Licht erstrahlen. Das Ausgesprochene führt zur notwendigen Aussprache oder zur dringend ersehnten Klärung. Oft haben sich verschiedene Dinge angestaut, die den Elefanten erst hervorgebracht haben. Das ist menschlich und verdient im ersten Schritt höchsten Respekt. Im zweiten Schritt verdient es eine Würdigung oder auch klärende Intervention, um in beziehungs- oder gruppendynamischen Prozessen ein gutes Stück zu wachsen.

Eine völlig neue Produktivität oder auch Intensität der Zusammenarbeit wird möglich, wenn du diese Impulsart nutzt und für dich zu einem entsprechenden Werkzeug werden lässt.

Übrigens spielt auch hier der aufgebaute Rahmen eine große Rolle: Ohne Rahmen würde sich die beschriebene Dynamik womöglich gar nicht erst aufbauen. Doch weil es den Menschen offensichtlich etwas bedeutet, wie sie miteinander umgehen und welche Atmosphäre zwischen ihnen herrscht, sind sie bereit, sich dem Elefanten im Raum zu stellen. Dein entscheidender Impuls, den Elefanten zu benennen und dann aus dem Raum zu schaffen, führt im Ergebnis wiederum zu einer erheblichen Stärkung deines Rahmens. Das Thema, das vermutlich alle beschäftigt und für Anspannung gesorgt hat, wurde aufgrund einer gemeinsamen Kraftanstrengung gelöst und bewältigt.

So etwas verbindet und wird dazu führen, dass die beteiligten Menschen im übertragenen Sinn näher zusammenrücken.

Tool 7: Wachrütteln

Manche Situationen erfordern sehr spezielle Impulse oder Interventionen, die die Beteiligten durch eine gezielte emotionale Ansprache im besten Sinne aufrütteln – und damit in Bewegung setzen.

Stell dir folgende Situation vor: Du sprichst regelmäßig mit deinem Team. Ihr seid fachlich, sachlich oder inhaltlich auf einem guten Weg. Es herrscht eine gute Grundstimmung und alle fühlen sich augenscheinlich wohl. Jedoch gibt es einige Verhaltensweisen, die dich als Führungskraft immer wieder zur Verzweiflung bringen: Deine Mitarbeiter erledigen ihre Aufgaben zwar pflichtbewusst, aber nur bis zu einem bestimmten Punkt, ohne Ideen weiterzudenken oder auch einmal die Initiative zu ergreifen. Sie springen gewissermaßen nur so hoch, wie sie müssen, und schauen nicht über den Tellerrand. Du weißt genau, dass diese Verhaltensweisen unterm Strich nicht gut und hilfreich sind. Und dennoch kommen sie immer wieder vor und verhindern ein Weiterkommen. Du hast diese Verhaltensweisen schon häufiger thematisiert und sie sind im Kern allen bekannt. Jedoch findet keine wahrnehmbare Veränderung statt und du beginnst, dich darüber zu ärgern. Du ärgerst dich nicht über die Menschen an sich, sondern darüber, dass mehr möglich wäre, wenn endlich daran gearbeitet würde. Und du ahnst, welche Möglichkeiten sich daraus ergeben könnten. Dein Team könnte auf das nächste Level kommen und ihr könntet eure Performance noch um einige Prozentpunkte steigern.

Und doch geht es an diesem einen Punkt nicht voran und alle Mitarbeiter wissen das. Das angesprochene Verhalten wird vielleicht sogar belächelt oder als bekannte Schwäche abgetan und damit im Grunde akzeptiert. Je häufiger du als Führungskraft es jedoch bemerkst, dir dazu Gedanken machst oder es sogar immer wieder erneut ansprichst, umso mehr spürst du eine innere Anspannung – eine völlig normale und menschliche Reaktion. Je mehr wir etwas wollen, uns jedoch eine Idee fehlt, wie wir es bekommen können, umso angespannter oder sogar gereizter werden wir deswegen.

In dieser Situation spürst du, dass es dringend Zeit wird, dass sich etwas ändert, und du bemerkst, dass diese Situation immer akuter wird. In solchen Momenten hilft dir als Führungskraft nur noch ein wirklich beeindruckender und bewegender Impuls. Eine Intervention, die unter die Haut geht und eine gewisse Betroffenheit auslöst. Sie darf sogar eine Gewissensfrage auslösen, mit der sich die Beteiligten anschließend auseinandersetzen.

Nutze hier die Macht des emotionalen Weckrufs. Dabei kommt es darauf an, deine Gedanken komprimiert und auf den Punkt gebracht in ansprechender, emotional berührender Weise vorzutragen. Gespeicherte und gesammelte Eindrücke oder Impressionen werden gebündelt. Wenn du als Führungskraft verschiedene Rollen hast, so wechselst du in diesem Moment aktiv und sehr bewusst in die Rolle eines Wachrüttlers. Vielleicht hilft dir dabei das Bild eines charismatischen Predigers, der seine Mitmenschen durch emotionale Ansprache berührt und bewegt. Es geht dabei jedoch niemals um negativ verstandene Manipulation oder Bloßstellung, sondern ganz wesentlich um das Bewusstmachen und Wachrütteln. Immer mit dem Ziel, die anderen weiterzubringen.

In dieser Rolle wirst du auf deine ganz eigene Weise Menschen dazu anregen, über sich selbst und ihre jeweilige Haltung nachzudenken. Du schaffst eine besondere Stimmung rund um das von dir in den Mittelpunkt gestellte problematische Verhalten und die in Aussicht gestellte Lösungsperspektive.

Dramaturgisch durchdacht beginnst du damit, das, was dich bewegt oder belastet, zum Ausdruck zu bringen. Du nimmst dir die Zeit und den Raum, deinen aufgestauten, dich belastenden Gedanken eine Bühne zu geben. Das kann sehr emotional, mit klaren, eindeutigen Worten und auch mit einer gewissen Vehemenz geschehen. In jedem Fall ist es wichtig, dass du den Finger in die Wunde legst.

Ziel dieses Impulses, also der gut pointierten emotionalen Ansprache, ist das Umdenken oder die gewünschte Initialzündung. Du willst etwas erreichen, woran vielleicht deine Mitarbeiter selbst noch nicht geglaubt haben. Womöglich fehlte ihnen diese Art der Klarheit oder direkten Ansprache. Diese darf übrigens auch deine persönliche Meinung oder Haltung spiegeln. Selbstverständlich ist deine klare Erwartungshaltung ebenfalls möglicher Bestandteil deiner emotional bewegenden Ansprache. Denk daran: Du willst etwas auslösen und Positives bewirken. Idealerweise ist nachher etwas anders als vorher. Öffne dein Herz und deine Gedanken. Nimm dir den Raum, deine wahren Gefühle oder Emotionen zum Ausdruck zu bringen. Es darf hier gerne ungefiltert oder auch mitreißend zugehen. Je mehr du nach einer erhöhten Aufmerksamkeit sogar ein Gefühl von positiver Betroffenheit aktivieren kannst, umso besser.

Es ist wünschenswert, dass deine Mitarbeiter darüber nachdenken, was du gesagt und gemeint hast. Je stärker du deine Mitarbeiter durch diesen beeindruckenden Impuls zur Reflexion bewegst, umso eher wird das dazu führen, dass tatsächlich Veränderungen eintreten. Wird diese Entscheidung aktiv getroffen, gibt es sozusagen kein Zurück mehr. Erst wenn deine Mitarbeiter sich dafür entscheiden, ist substanzielles Wachstum möglich. Sowohl auf der persönlichen Ebene als auch im unternehmerischen Sinn.

Die wohlformulierte, bewegende Ansprache ist ein mächtiges und enorm zielführendes Instrument. Deswegen sei an dieser Stelle der Hinweis erlaubt, dass es nicht zu häufig eingesetzt werden sollte. Wird diese Form der Ansprache quasi inflationär gebraucht, nutzt sie sich ab und verliert an Wirkungskraft. Setze sie darum sehr gezielt und nur in ganz besonderen Momenten ein, dann aber mit höchster Präzision und Authentizität. Du redest dir sprichwörtlich von der Seele, was dich wirklich bewegt und was du dir wünscht oder auch erwartest.

Das kann für manche Mitarbeiter recht überraschend sein. Vielleicht gibt es sogar Reaktionen, mit denen du nicht gerechnet hättest. Erwarte jedenfalls nicht sofort eine Rückmeldung oder womöglich eine Bestätigung. Auch die Akzeptanz gegenüber dem zu ändernden Verhalten wird möglicherweise erst spät(er) einsetzen. Die erfolgreiche Ansprache entfaltet ihre Wirkkraft häufig erst mit zeitlichem Abstand, wenn sie verdaut und verarbeitet worden ist. Sei geduldig und achtsam für das, was der beschriebene Impuls auslöst, und ergreife eventuell erst mit etwas zeitlichem Verzug wieder die Initiative. Oft kann es sogar hilfreich sein, gar nicht unmittelbar im Anschluss darüber zu sprechen, sondern eine Pause oder vorübergehende Unterbrechung der Veranstaltung folgen zu lassen.

Tool 8: Aufwecken mit Ansage

Wenn du morgens aufstehst, kann es sein, dass du eine bestimmte Weckmethode benötigst, um wach zu werden. Bei manchen ist es ein bestimmter Wecker-Klingelton. Manchmal sind es auch Dinge wie Kaffee oder eine kalte Dusche, die dich erst so richtig aktivieren.

Auf das Thema Führungsimpulse übertragen bedeutet dies: Menschen brauchen manchmal bestimmte Aktivierungselemente, um wirklich aufzuwachen.

Hierzu kannst du als Führungskraft kurze, kleine Impulse nutzen, die, oft und an der richtigen Stelle eingesetzt, eine starke Wirkung entfalten. Sie sind quasi die Espressi oder kalten Duschen unter den Wirkungsimpulsen in unserem Frame-Impuls-Prinzip.

Du kannst diese Impulse einsetzen, wenn es dir wichtig ist, dass deine Mitarbeiter aktiviert und wieder in Bewegung gebracht werden. Dieser Wunsch tritt häufig auf, wenn sich eine gewisse Lähmung oder Lethargie breitmacht, die du als Führungskraft unterbrechen möchtest.

Eine äußerst verlässliche Methode im Portfolio der Impulssetzungen ist die geistige oder auch physische Aktivierung. Hierbei geht es darum, entweder den Kopf oder den Körper deiner Mitarbeiter in Bewegung zu bringen. Dazu hier einige Ideen aus beiden Aktivierungsfeldern:

Geistige Aktivierung

Wenn sich unser Gehirn in einem gewissen Dämmer- oder Ruhezustand befindet, kann eine interessante oder anspruchsvolle Aufgabe helfen. Überlege dir also, welche Aufgabenstellung oder Aktivierung geeignet sein kann, um deine Mitarbeiter im Alltag wieder in Gang zu bringen. Du kannst hier kreativ aus dem Vollen schöpfen. Eine gemeinsame Übung, beispielsweise die Arbeit an einem Fallbeispiel, ist empfehlenswert. Ebenso kann ein Rätsel oder eine kniffelige Aufgabe sehr gut aktivieren.

Achte dabei darauf, dass die gestellten Aufgaben oder Übungen nah an der beruflichen Praxis deines Teams sind. Zu weit entfernte Themen können schnell zu Langeweile oder Widerstand führen. Im Mittelpunkt steht immer das Ziel, deine Mitarbeiter zu aktivieren und sie im Kontext ihrer hauptsächlichen Aufgabe anzuregen.

Physische Aktivierung

Hast du das Bedürfnis, frischen Schwung in eine Situation zu bringen, kannst du deine Mitarbeiter auch körperlich aktivieren. Grundsätzlich gilt, dass alles erlaubt ist, was keine Schmerzen oder womöglich (psychische oder physische) Verletzungen verursacht. Aus der Bandbreite möglicher Aktivierungselemente kannst du leichte bis mittelschwere oder schwere Aufgaben auswählen. Leichte Aufgaben können beispielsweise sein, sich im Kreis oder einander gegenüber aufzustellen und sich Gegenstände zuzuwerfen. Dabei werden Fragen beantwortet oder kleine Denkaufgaben (zum Beispiel Rechenübungen) gestellt.

Mittelschwere Aufgaben bringen oft einen höheren Bewegungsanspruch und auch eine gesteigerte Aufgabenkomplexität mit sich. Hier kannst du beispielsweise bestimmte Szenen eines Films oder einer Geschichte nachstellen oder schauspielerisch umsetzen lassen. Je näher die gestellte Aufgabe an deinem Kernthema ist, umso besser.

Schwierige Aufgaben erfordern häufig einen komplexen Ablauf oder Prozess. So kannst du zum Beispiel eine Bewegungsübung machen, in welcher die Mitarbeiter verschiedene Schwierigkeitsstufen oder auch Anspruchsniveaus zu erfüllen haben. Ein sogenanntes Circuittraining oder ein Parcours mit verschiedenen abwechslungsreichen Übungen oder Aufgaben können für die gewünschte Aktivierung sorgen. Zusätzlich machen sie allen Beteiligten Spaß und es entstehen gemeinsame Erlebnisse, die positiv in Erinnerung bleiben.

Wann immer du also das Gefühl hast, aktivierende oder wach machende Impulse zu brauchen, bediene dich gerne der skizzierten Methoden. Selbstverständlich gibt es immer wieder lautstarke Kritiker oder gar Verweigerer, die solche Aktivitäten nicht gerne umsetzen. Hier greift jedoch das Konstrukt des von dir stabil aufgebauten Rahmens als wertvolles Fundament. Wenn du zuvor mit allen Beteiligten vereinbart hast, dass gemeinsam auf höchstem

Niveau gearbeitet wird und jeder sich im größtmöglichen Maß einbringt, referenzierst du eben an solchen Stellen darauf. Erinnere an diese gemeinsam beschlossene und verabschiedete Vereinbarung und fordere deren Einhaltung gegebenenfalls aktiv ein.

Als letzter Hinweis an dieser Stelle sei erwähnt, dass es stets hilfreich ist, zu erklären, was du vorhast und warum du etwas tust. Sei transparent und klar in deinem Vorgehen. Nimm deine Mitarbeiter mit auf die Reise und sage ihnen, was sie davon haben, wenn sie mitmachen, indem du den jeweiligen Nutzen oder Mehrwert der geplanten Aktionen benennst.

Tool 9: Menschen, Rituale, Sensationen

Eine besondere Art von Impulsen sind Rituale. Wenn du dich an deine Kindheit oder Jugend zurückerinnerst, wird diese Zeit für dich mit ganz bestimmten Ritualen verbunden sein. Vielleicht hast du mit deinen Eltern und deinen Geschwistern bestimmte Mahlzeiten zusammen eingenommen oder ihr habt euch zu bestimmten Zeiten verabredet, um gemeinsam etwas zu unternehmen. Vielleicht habt ihr auch bestimmte Anlässe (Geburtstage, Feste) auf bestimmte Weise miteinander zelebriert.

Rituale sind nicht auf den Familienalltag beschränkt, werden hier aber besonders greifbar. Auch andere Lebensbereiche werden von Ritualen geprägt und strukturiert. Ihnen allen gemeinsam ist, dass wir uns in der Regel darauf freuen und dass sie uns helfen, uns als (soziale) Gemeinschaft zusammenzuschweißen. Vielleicht empfindet der eine oder andere auch Stolz, gewisse Rituale zu haben und diese entsprechend zu pflegen. Menschen mögen Rituale und genießen für gewöhnlich, wenn es welche gibt.

Wenn du Rituale in deinen Führungsalltag einbaust, wirst du die entsprechenden Effekte zu spüren bekommen. Du wirst beispielsweise in der Lage sein, innerhalb der festen und wiederkehrenden Rituale bestimmte Botschaften zu vermitteln. Ein Beispiel ist die regelmäßige Teamzusammenkunft oder ein sogenannter Huddle, den du regelmäßig umsetzt. Auch die Art und Weise, wie eine Zusammenkunft organisiert ist, kann ritualisiert sein.

Ebenso kannst du regelmäßig Statusmeetings oder Einzelgespräche mit deinen Mitarbeitern durchführen und diese zu einem festen Bestandteil eurer Arbeitsroutine werden lassen. Die gewählten Rituale fügen sich dann idealerweise in deinen definierten Rahmen ein.

Nutze feste und wiederkehrende Rituale als Plattform für deine relevanten Impulse. Baue eine gewisse Ritualstruktur auf und lege zunächst für dich fest, welche regelmäßigen Rituale dir wichtig oder hilfreich erscheinen. Idealerweise besprichst du diese Themen sogar mit deinem gesamten Team. Zum Beispiel könnt ihr euch darauf verständigen, dass jede Teamsitzung von einem anderen Mitarbeiter eröffnet wird, der die ersten zehn Minuten frei gestalten und einen thematisch passenden Impuls setzen darf.

Die hier genutzten Faktoren der Einbeziehung, des Mitspracherechts, der Beteiligungsmöglichkeit oder sogar der Mitbestimmung spielen eine erhebliche Rolle. Mitarbeiter identifizieren sich viel eher mit Maßnahmen, die sie mitgestaltet oder mitentwickelt haben. Sie nehmen sich selbst und ihre Kollegen dadurch ganz anders in die Pflicht. Kein Mitarbeiter würde das selbst entwickelte Ritual kritisieren oder gar vernachlässigen. Dasselbe gilt übrigens ganz wesentlich auch für den Rahmen, den du aufbaust. Beziehe deine Mitarbeiter unbedingt mit ein und lasse sie damit gewissermaßen zu Verbündeten werden.

Je höher die Identifikation mit den jeweiligen Maßnahmen ist, umso eher fühlen sich Mitarbeiter daran gebunden. Das erhöht die Verbindlichkeit und stärkt den Gemeinschaftsgeist.

Die Einbeziehung muss dabei nicht automatisch dazu führen, dass dir Einfluss verloren geht. Du kannst zum Beispiel die jeweiligen Vorstellungen oder Umsetzungsideen von deinen Mitarbeitern einholen und dann die aus deiner Sicht beste Entscheidung treffen. Deutlich tragfähiger ist allerdings die gemeinsam getroffene Entscheidung. Sie ist gruppendynamisch abgestützt und kann damit auch stärker in Anspruch genommen werden.

Übrigens kannst du auch mit einzelnen Mitarbeitern feste Rituale vereinbaren. Wenn du also mit dem einen Mitarbeiter regelmäßig spazieren gehst, während du mit einem anderen Mitarbeiter gelegentlich einen Kaffee trinkst, greift die gleiche Wirkungsweise. Du kannst bei diesen individuellen Ritualen ebensolche Impulse setzen, die eure Beziehung stärken und die individuelle Leistungsfähigkeit anregen.

In Gemeinschaften, die durch Rituale gestützt werden, ist der Zusammenhalt deutlich stärker als in vergleichbaren Gruppen ohne diesen Ansatz. Die Erklärung ist ebenso einfach wie beeindruckend: Wir lernen von klein auf, uns in Ritualen zu bewegen und diese zu einem Teil unseres Lebens werden zu lassen. Darüber hinaus haben wir erfahren, dass Rituale eine stark verbindende Grundstruktur aufweisen. Wenn sich alle an die eingeführten Rituale halten, sind wir zusammen oder beieinander. Das schweißt uns zusammen und bringt uns einander in einer besonderen Art und Weise näher. Außerdem bauen wir eine Geschlossenheit auf, die uns zusätzlich vor externen Einflussnahmen oder Manipulationen schützt. Wir werden also eine stärkere Gemeinschaft und machen uns von äußeren Störungen unabhängig. Das erzeugt Verbundenheit und aktiviert im höchsten Maß den schon oft erwähnten Gemeinschaftsgeist.

Das Sensationelle an diesem Vorgehen ist, dass wir unsere Rituale fast unaufgefordert und wie selbstverständlich pflegen. Wir neigen sogar dazu, diese zu stabilisieren, und messen ihnen eine große Bedeutung bei. Wenn also ein erfolgreich eingeführtes Ritual wie das wöchentliche Meeting, das im Wechsel von je einem Mitarbeiter eröffnet wird, plötzlich nicht mehr stattfindet, wird das von den Beteiligten bemerkt und gegebenenfalls lautstark eingefordert oder direkt eigenverantwortlich initiiert. Wir setzen uns für das jeweilige Ritual ein und kämpfen manchmal sogar dafür. In dieser Weise gestärkte Teams oder Gruppen wirken anders intensiv zusammen als Gemeinschaften ohne die entsprechenden Ritualstrukturen und sind nachweislich eher leistungsbereit.

Tool 10: Sparring ohne Grenzen

Die vielleicht wichtigste Impulsmethode, die ich selbst häufig nutze, ist das sogenannte Sparring, also der wechselseitige Austausch zwischen gleichberechtigten Partnern zu wechselnden Themen. Wenn du eine andere (auch übergeordnete) Führungskraft hast, die sich Zeit nimmt, um mit dir zu verschiedenen Themen in einen hochwertigen Austausch zu gehen, ist das im wahrsten Sinne des Wortes Gold wert.

Sparring funktioniert zwischen Führungskräften, die sich als Gleichgesinnte zu Führungsthemen austauschen, aber auch zwischen Mitarbeitern oder zwischen einer Führungskraft und einzelnen Mitarbeitern. Dabei kommt es in allen Fällen sehr stark darauf an, dass der Rahmen um eure Arbeitsbeziehung ordentlich gesetzt und stabil ist. Ihr wisst, was ihr voneinander haltet und vom jeweiligen Gegenüber zu erwarten habt. So können Problemlösungen gefunden oder überhaupt konstruktiv Lösungswege erarbeitet werden.

In klarer Abgrenzung zum (Fach-)Coaching sehe ich das Sparring als Austausch auf Basis einer gleichwertigen Beziehung ohne klare Rollenverteilung. Wer etwas zum jeweiligen Thema beisteuern kann, darf das tun und wird im gleichen Maß zum später erreichten Ergebnis beigetragen haben. Es sind auch direkte Meinungsäußerungen, kleine Provokationen oder Einwände erlaubt. Gute, stichhaltige Argumente beider oder sogar aller Beteiligten finden in jedem Fall Platz und ein offenes Ohr. Es darf auch argumentativ gerungen werden. Dabei spielt das eigene Ego keine Rolle, sondern der entscheidende Impuls oder die gefundenen Lösungen stehen im Mittelpunkt.

Im Sparring inspirieren sich gleichberechtigte Partner gegenseitig. Kritische oder schwierige Elemente anzusprechen oder genauer in Augenschein zu nehmen ist dabei nicht nur explizit erlaubt, sondern sogar erwünscht. Dabei darf es auch gerne ein wenig emotionaler oder hitziger zugehen. Das beste Resultat solcher Sparrings ist überdurchschnittlich häufig eine neue Idee oder Vorgehensweise. Durch die Art der Auseinandersetzung und die intensive Diskussion entstehen völlig neue Aspekte oder Betrachtungsmöglichkeiten.

Das regelmäßige Sparring vertieft und intensiviert außerdem die Beziehung zwischen dir und der anderen Person. Ihr lernt euch auf einer neuen Qualitätsebene kennen und schätzen. Es werden womöglich weitere Wissens- oder Erfahrungshorizonte eingebracht, die sonst nicht beachtet worden wären. Es werden dann auch breitere und tiefere Themenbearbeitungen möglich. »Auf Themen herumkneten« nenne ich das gerne. Durch das Kneten und manchmal auch Weichklopfen von Themen ergeben sich neue (inhaltliche) Strukturen und die Konsistenz beziehungsweise Beschaffenheit einer Sache oder eines Themas verändert sich. Du kannst dir das wie bei einem guten Brotteig vorstellen: Je mehr Zeit und Energie in das Kneten investiert wird, desto geschmeidiger und lockerer wird der Teig und desto ansehnlicher und schmackhafter das Ergebnis.

»

Sparringspartner dürfen auf Themen herumkneten.

«

Was ich dabei besonders hilfreich finde: Im gegenseitigen Austausch auf Augenhöhe zählt eher das gute oder bessere Ergebnis als der jeweilige Status. Es kommt also darauf an, was am Ende eines stattgefundenen Sparrings herauskommt. Nimm dir also die Zeit, diese Art von Sparrings regelmäßig auch mit einzelnen ausgewählten Mitarbeitern umzusetzen. Genauso kannst du auch regelmäßig mit allen Mitarbeitern oder gar dem gesamten Team in strukturierte Sparrings einsteigen.

In diesem Kontext kann es hilfreich sein, auf möglichen Zukunftsszenarien oder unterschiedlichen Thesen beziehungsweise Hypothesen intensiv herumzukneten. Das bringt dich und deine Mitarbeiter oder dich und das Team auf eine neue gemeinsame Flughöhe. Ihr sprecht dann nicht mehr über die kleinsten Bestandteile einer Thematik, sondern betrachtet das große Ganze. Der übergeordnete Blick auf Themen bringt neue Aspekte zum Vorschein und eröffnet neue Perspektiven. Dadurch wiederum steigt die Identifikation mit dir als Führungskraft, mit der Aufgabe oder dem Unternehmen.

Ein Sparring kann übrigens auch deshalb von besonderer Bedeutung sein, weil das Format enorm strapazierfähig und flexibel ist. Du kannst in kurzen Momenten, wenn wenig Zeit zur Verfügung steht, hoch wirkungsvoll sparren. Genauso kannst du Sparrings aber auf längere Zeiträume skalieren und Themen in ihrer tieferen Bedeutung oder Relevanz diskutieren.

Nutze das Sparring in jedem Fall für einen qualitativ hochwertigen Austausch und die gemeinsame Gestaltung in herausfordernden Führungssituationen.

Für mich waren stets diejenigen Sparrings die besten, in welchen konkrete Arbeitssituationen kurz und prägnant durchleuchtet wurden. Einer kurzen Situationsbeschreibung folgt der direkte Input der am Sparring-Prozess beteiligten Expertinnen und Experten. Es darf alles gefragt, angeführt, eingebracht oder besprochen werden, was eben hilft, eine bessere Lösung zu finden. Kompakte Sparrings sind für mich die perfekte Ergänzung beispielsweise zu einem parallelen Coaching- oder Mentoringprozess. Der Beratene braucht also nicht bis zum nächsten offiziellen Termin zu warten, sondern kann sich unmittelbar zu einem praktischen Sachverhalt austauschen oder Impulse geben lassen.

Noch ein letzter Hinweis in Sachen Sparring: In meiner Wahrnehmung dürfen Sparrings sowohl vom Mitarbeiter als auch von der Führungskraft eingefordert werden. Vorausgesetzt, es existiert ein sorgfältig aufgebauter und solide gesetzter Rahmen.

Die wichtigsten Impulsmethoden im Überblick

1 | Fragen

Anwendungsgebiete: Wertvolle Alternative zu direkten und sofortigen Antworten. Grundlegende Kommunikation und Interaktion.

Mitarbeiter fragt etwas und Führungskraft reagiert mit einer Rückfrage:

»Welche Gedanken hast du dir bereits zu deinem Anliegen gemacht?«

»Wo liegen für dich mögliche Lösungsansätze?«

»Welche Antwort würde dir jetzt weiterhelfen?«

»Welche Lösung würde dir einfallen, wenn ich nicht verfügbar wäre?«

2 | Reflexion

Anwendungsgebiete: Jederzeit in der Zusammenarbeit zwischen. Mitarbeiter und Führungskraft. Wenn vereinbart auch in ausgewählten Situationen der Leistungserbringung des Mitarbeiters.

Wähle deine Einstellung: Ist Feedback ein notwendiges Übel oder ein wertvolles Instrument?

Fördere eine Feedbackkultur: Wie kultivierst du Feedback in deinem Team?

Hole dir Feedbackbereitschaft ein: Ist dein Mitarbeiter wirklich bereit für dein Feedback?

Finde positive Dinge: Welche Stärken und Talente hat dein Mitarbeiter?

Frage nach der gewünschten Ehrlichkeit: Wie ehrlich möchte dein Mitarbeiter Feedback übermittelt bekommen?

Finde eine angemessene Dosierung: Wie bringst du die relevanten Dinge auf den Punkt, ohne deinen Mitarbeiter zu überfordern?

Sei strukturiert und konkret: Wie ordnest du deine Feedbackpunkte und welche konkreten Beobachtungen hast du gemacht?

Baue eine Feedbackstory auf: Wie ist dein Feedback dramaturgisch aufgebaut?

Fördere einen Feedbackdialog: Wie kannst du deinen Mitarbeiter in den Feedbackprozess einbeziehen oder einbinden?

Denke und interpretiere Feedback vorwärts: Wie gelingt es dir, vorausschauendes und in der Zukunft nützliches Feedback zu geben?

3 | Metaperspektive

Anwendungsgebiete: In der gemeinsamen Kommunikation oder Interaktion beziehungsweise im Anschluss an diese.

Wie kommst du auf eine übergeordnete Ebene in der Kommunikation oder Interaktion mit deinem Mitarbeiter? (Kommunikation über die Kommunikation, Reflexion aus der Vogelperspektive, übergeordnete differenzierte Reflexion der Emotionen)

4 | Reize

Anwendungsgebiete: In verschiedenen Arbeits- oder Begegnungssituationen (Gespräche, Meetings, Workshops, Trainings oder Coachings)

Wie kannst du die verschiedenen Sinne deiner Mitarbeiter (Hören, Sehen, Fühlen, Tasten, Riechen, Schmecken) adressieren? Welche Hilfsmittel stehen dir hierbei zur Verfügung?

5 | Darstellung

Anwendungsgebiete: In verschiedenen Arbeits- oder Begegnungssituationen (Gespräche, Meetings, Workshops, Trainings oder Coachings)

In allen Begegnungs- oder Interaktionssituationen: Wie kannst du ein relevantes Thema verstärken oder besonders betonen? In welchen Situationen lohnen sich Übertreibungen und wo kannst du gekonnt überzeichnen? Wie kannst du bestimmte Verhaltensweisen karikieren, ohne deine Mitarbeiter zu diskreditieren oder herabzuwürdigen?

6 | Den Elefanten auf den Tisch bringen

Anwendungsgebiete: In verschiedenen Führungs- oder Arbeitssituationen.

Wie gelingt es dir, den sprichwörtlichen Elefanten (das, was in der Luft liegt und fast mit Händen greifbar ist) aufzugreifen und zu thematisieren?

Wie schaffst du Ventile, um aufgebaute Dynamiken oder Emotionen zu entladen?

Wie erreichst du eine konstruktive Klärung, wenn atmosphärische Störungen im Raum sind?

7 | Emotionale Ansprache (Wachrütteln)

Anwendungsgebiete: In speziellen und ausgewählten Führungssituationen.

Wie kannst du zusammengefasste Themen oder Botschaften gezielt adressieren, die elementar sind und bei denen Verhaltensänderungen dringend erforderlich sind?

8 | Aktivierung

Anwendungsgebiete: In verschiedenen Arbeits- oder Begegnungssituationen (Gespräche, Meetings, Workshops, Trainings oder Coachings)

Wie kannst du deine Mitarbeiter geistig aktivieren oder anregen?
Wie kannst du sie körperlich aktivieren?

9 | Rituale

Anwendungsgebiete: In beliebigen Führungssituationen

Welche Rituale kannst du mit deinem Team umsetzen und etablieren?
Wie kannst du gezielt Rituale einsetzen, um den Zusammenhalt in deinem Team signifikant zu stärken?

10 | Sparring

Anwendungsgebiete: Mit anderen Führungskräften, mit ausgewählten Mitarbeitern, regelmäßig mit jedem Mitarbeiter oder im Team

Wie kannst du hoch relevante Impulse austauschen?
Wie kannst du konkret Probleme lösen und dabei auf Augenhöhe mit deinem Gegenüber agieren?
Wie gelingen kurze und knackige Sessions, um eine gemeinsame Problemlösung zu erreichen?

Voraussetzung für die Anwendung der genannten Impulse ist der zuvor sichergestellte Aufbau eines stabilen Rahmens, in dem sich deine Mitarbeiter und du bewegen. Manche der empfohlenen Impulse funktionieren ohne den aufgebauten Rahmen nicht oder werden ohne ihn gegebenenfalls sogar misslingen. Deshalb spreche ich im Übrigen auch bewusst vom Frame-Impuls-Prinzip.

Achte also stets auf eine starke Rahmensetzung, in der vor allem Respekt, Vertrauen, Anstand, Wertschätzung und ein ausgezeichnetes Wertesystem existieren. Es geht im Frame-Impuls-Prinzip absolut nicht um negative Manipulationen, sondern um die Schaffung einer vertrauensvollen Arbeitsumgebung für alle Beteiligten.

7.

Vom Innen zum Außen: Starkes Ich für starke Wirkung

Es gibt eine gute Faustformel für das Setzen von Impulsen im Sinne des Frame-Impuls-Prinzips: Je gereifter du als Persönlichkeit bist, umso stärker dürfen auch deine Impulse oder Interventionen sein. Doch was bedeutet eigentlich Stärke in Bezug auf die Persönlichkeit oder das eigene Selbst?

Auf mich wirkten lange Zeit diejenigen Menschen als besonders stark, die ich in irgendeiner Weise als beeindruckend wahrnahm. Da war jemand, der sich stets gut kleidete und sich sehr gut auszudrücken vermochte. Dann war da jemand, der sehr hemdsärmelig an die Themen heranging. Zusätzlich hielt ich ihn für vertrauenswürdig und authentisch. Es gab auch einmal einen Vorgesetzten, der zwar in seiner grundsätzlichen Anmutung eher cholerisch wirkte, im Grunde seines Herzens jedoch ein guter Mensch war, der sich überdurchschnittlich um seine Mitarbeiter sorgte. Es können also ganz unterschiedliche Dinge sein, aufgrund derer wir eine Person als stark wahrnehmen.

Später durfte ich die wichtige Erfahrung machen, dass sich die wahre Stärke eines Menschen nicht im Auftritt oder in der Kleidung äußert, sondern dann sichtbar wird, wenn es schwierig wird. Wenn es also darauf ankommt, dass ein Vorgesetzter genug Stärke besitzt, um sich hinter seine Mitarbeiter zu stellen und ihnen den Rücken zu stärken. Offensichtlich zeigt sich Stärke dadurch, dass jemand derart in sich gefestigt ist, dass er von seiner Stärke auch noch einen Teil abgeben kann.

Es gab eine Situation, an die ich mich auch heute noch genau erinnere. Mein Team und ich nahmen an einer Trainingsmaßnahme teil und waren alle in sehr guter Stimmung. Wir lernten gemeinsam und fühlten uns wohl miteinander. Ein spannendes Weiterbildungsthema beschäftigte uns und wir wussten, dass wir in unserer Praxis von dem extern beauftragten Training profitieren würden. Wie üblich in solchen Weiterbildungen gab es regelmäßig Pausen, die uns als Gruppe wichtig waren, weil wir in einem sehr guten Hotel zu Gast waren und den Service dieses Hauses genossen.

Dann passierte es. Völlig unerwartet und für mich komplett überraschend nahm mich am Ende der Pause ein Mitarbeiter zur Seite und fing an, mich wüst zu beschimpfen und mir Vorwürfe zu machen. Was ich dabei dächte, mich so zu verhalten. Schließlich sei ich doch auch nicht besser als alle anderen und es gebe für mich keinen Grund, mich besonders zu fühlen. Ich wusste nicht, wie mir geschah, und fühlte mich so schlecht wie nie zuvor. Tatsächlich stand ich in diesem Moment wie ein kleiner Schuljunge, der eine Standpauke erhält, vor meinem Mitarbeiter. Ich konnte mir nicht erklären, wie es dazu hatte kommen können: Weder war an diesem Tag etwas Besonderes vorgefallen, noch sah ich einen konkreten Anlass für dieses Verhalten. Die emotionale Wucht, mit der die Vorwürfe vorgebracht wurden, machte es mir unmöglich, sachlich und besonnen darauf zu reagieren.

Ich fühlte mich einfach nur schlecht und war entsprechend niedergeschlagen. Sicher war dies keine Situation, in der ich Stärke erlebte oder gar zeigen konnte. Statt souverän zu agieren, fühlte ich mich komplett verunsichert und gedemütigt. So eine Erfahrung tut weh und kann dich ganz schön umwerfen. Zumal ich bis dahin dachte, dass ich zwar eine junge Führungskraft sei, mir aber nichts vorzuwerfen hätte. Der Gefühlsausbruch meines Mitarbeiters stellte diese Wahrnehmung komplett infrage. Nach gefühlt endlosen Minuten der Konfrontation, in denen sich der andere wie ein wütender Stier in der Arena aufführte, blieb ich wie ein Häufchen Elend zurück. Noch immer konnte ich nicht fassen, was gerade passiert war.

Meine erste Reaktion auf diese Situation war, mich selbst kritisch zu hinterfragen. Ich begann, darüber nachzudenken, was ich falsch gemacht haben könnte, denn irgendeinen Grund musste es für den Gefühlsausbruch meines Mitarbeiters ja gegeben haben – egal wie unangemessen sein Auftritt im Einzelnen war. Voller Selbstzweifel und maximal destabilisiert zog ich mich erst einmal in mich selbst zurück. Auch wusste ich nicht, wie ich mit diesem Mitarbeiter weiter umgehen sollte. Eine Aussprache zu den Ereignissen konnte ich mir nicht vorstellen. Ich befürchtete, dass eine erneute Konfrontation genauso unangenehm und für mich erdrückend verlaufen würde. Also gab ich mich, als sei nichts gewesen, die nächsten Tage betont normal. Selbstverständlich sprachen wir nicht miteinander über den Vorfall. Wir, genauer gesagt ich, klärten nichts. Dennoch gingen wir (zumindest oberflächlich) vernünftig miteinander um und es gab zunächst keine weiteren Konfrontationen.

Ein Psychotherapeut würde dieses Vorgehen wohl Verdrängung nennen, weil ich dem Problem schlicht aus dem Weg ging. Ein wenig hilfreiches Verhaltensmuster offenbarte sich also: Wenn es unangenehm wurde, ging ich den Dingen gerne aus dem Weg. Weil ich mich fürchtete und großen Respekt vor einer erneuten Herabwürdigung hatte. Zu dieser Zeit wusste ich noch nicht im Ansatz, was mir dieses Erlebnis einmal bringen würde.

Der Mitarbeiter und ich koexistierten eine gewisse Zeit nebeneinander her, bevor ein weiterer Vorfall dann weitreichende Konsequenzen hatte. Der Mitarbeiter wurde erneut verbal übergriffig und fuhr in einem Meeting mit unserem anwesenden Management komplett aus der Haut. Wieder gab es keinen nennenswerten Grund oder Anlass zu einer solchen Entgleisung. Wieder wurden die Sachfragen in nicht akzeptabler Weise von ihm vorgebracht. Dieses Mal jedoch blieb sein Verhalten nicht ohne Konsequenzen. Im ersten Schritt wurde er von meinem Bereichsleiter des Raumes verwiesen und wenige Tage später einigte sich die Personalabteilung mit ihm darauf, dass er das Unternehmen verlassen würde.

Mein Problem war insoweit gelöst, als ich nun sicher wusste, dass mir solche Situationen, zumindest mit ihm, nicht mehr passieren würden. Dennoch fühlte ich mich nicht gut und wollte der Sache daher auf den Grund gehen. Ich stellte mir immer wieder Fragen, die ich nach und nach für mich und mit mir selbst zu klären begann.

Wieso hatte ich mich überhaupt so vorführen lassen?
Warum war ich kaum handlungs- beziehungsweise reaktionsfähig?
Wieso fühlte ich mich so unglaublich schlecht in der konkreten Konfliktsituation?
Warum gab es für mich scheinbar keinen Ausweg aus der Situation?

Genau hier begann also für mich meine innere Aufarbeitung. Es wurde eine Reise zu meinem eigenen Ich. Mir wurden Verhaltensmerkmale bewusst, die mich gegenüber solchen Situationen und Reaktionsmustern eine neue Stärke aufbauen ließen. Nun wusste ich, warum ich überhaupt erst in eine solche Situation hatte kommen können und was ich vorher dazu beigetragen hatte, dass es so weit kommen konnte. Ich wurde mir der Situation bewusst und hatte dadurch die Möglichkeit, mein Selbst-Bewusstsein zu optimieren. Vor dieser Situation wäre ich niemals auf die Idee gekommen, dass mich eine solch offensive Konfrontation womöglich destabilisieren könnte.

Heute weiß ich, was ich tun kann und, noch besser, wie ich im Vorfeld dafür sorgen kann, dass vergleichbare Situationen mit meinen Teammitgliedern gar nicht erst entstehen. Außerdem lernte ich, welche konkreten Methoden ich anwenden kann, wenn es zu schwierigen Situationen kommt. Es entwickelte sich eine neue Stärke in mir, die sich eben auf genau solche Momente und Ereignisse bezieht. Das war oder ist nur möglich, wenn du aus Situationen, die dir passieren, etwas lernst und diese dich auf diese Weise in deiner Persönlichkeit festigen.

Dieser Weg ist möglich und niemand kann dich davon abhalten, auch aus unangenehmen Situationen einen hohen Nutzen zu ziehen und innerlich daran zu wachsen. Wirklich niemand. Es gelingt, wenn du es zulässt, wenn du es dir erlaubst. Das wiederum geht nur, wenn du dich der Situation stellst, sie aktiv reflektierst und an dir arbeitest. Jeder Mensch hat Stärken und Schwächen. Jeder Mensch hat blinde Flecken in Bezug auf das eigene Handeln. Erst wenn du es dir zur Gewohnheit machst, bewusst zu reflektieren, hast du die Chance zu entdecken, wo du besser werden kannst. Du erkennst, welche Verhaltensweisen an dir optimierungsfähig sind und warum. Deine Talente und positiven Eigenschaften sind sowieso ein Teil von dir. Eine neue und von vielen Menschen ungenutzte, aber ungeheure innere Stärke baust du jedoch erst auf, wenn du aus kritischen oder für dich negativen Situationen lernst und dann daraus einen positiven Mehrwert ziehst.

Tatsächlich bin ich in meinem weiteren Berufsleben nie wieder in eine solche Situation geraten. Sicher auch deswegen, weil ich bis heute an mir arbeite und versuche, hinderliche Verhaltensweisen an mir zu erkennen und aktiv zu verändern. Diese Gewohnheit kannst du auch entwickeln und so zu einem immer stärkeren, souveräneren Ich finden. Und genau diese innere Stärke kannst du später auf deine Mitarbeiter übertragen beziehungsweise dich stärkend hinter sie stellen.

Innere Stärke ist für mich das Ergebnis einer langen, intensiven Zeit, die dazu dient, sich mit sich selbst zu beschäftigen. Besagte Stärke erreichst du meiner Meinung nach also insbesondere dann, wenn du viele Situationen selbst durchlebt – manchmal auch durchlitten – hast. Du erwartest Veränderungen von deinem Team? Das ist wunderbar – es wird dir aber leichter gelingen, wenn du selbst aktiv an dir arbeitest. Wenn dir also selbst gelingt und du vorleben kannst, was du von deinen Mitarbeitern erwartest beziehungsweise forderst.

Zum einen ist da sicher eine Vorbildfunktion. Diese allein führt in meiner Wahrnehmung jedoch noch lange nicht zu einer bestmöglichen Akzeptanz in nahezu jeder beruflichen Rolle. Viel stärker wirkt auf lange Sicht Praxiserfahrung mit anschließender kritischer Reflexion. Gerade weil Reflexion und Zweifeln am eigenen Handeln nicht unbedingt als erste Stärke von Top-Leadern gehandelt werden, werbe ich hier dafür. Wirklich starke Führungskräfte reflektieren das eigene Handeln immer, gerade wenn eine Situation eben nicht optimal gelaufen ist.

Deine gesamthafte Wirkung, manchmal auch Aura genannt, ergibt sich aus der Summe deiner Erlebnisse, von denen du zehrst. Meine persönliche Stärke fußt auf jahrzehntelanger Erfahrung mit reichlich darin enthaltenen Misserfolgen, von denen ich mich jedoch nie habe beirren lassen, und Niederlagen, nach denen ich immer wieder aufgestanden bin. Genau das macht den Unterschied: Wie ist es bei dir? Was machst du, wenn es schwierig wird? Aufgeben oder reflektieren und weitermachen?

Ein starkes Ich aufzubauen, folgt keinem festen Fahrplan und keiner bestimmten Struktur. Es ist vielmehr eine Konsequenz daraus, wie du insbesondere mit deinen Tiefschlägen umgehst. Also mit deinen Misserfolgen, Grenzerfahrungen oder Niederlagen. Natürlich zählen auch deine Erfolge und die Hürden, die du auf dem Weg dorthin genommen hast. Ein starkes Ich ist immer die Summe deiner positiven und negativen Erfahrungen. Doch damit diese Umwandlung in Stärke wirklich passiert, bedarf es der aktiven Verarbeitung, der bewussten Reflexion, und zwar immer!

Für mich gilt darüber hinaus, dass ich in allen Rollen, für die ich heute als Trainer, Coach oder Mentor antrete, auch aktiv tätig war. Wenn ich also Verkäufer begleite, weiß ich, was das bedeutet – weil ich selbst lange Jahre verkauft habe. Wenn ich Führungskräfte begleite, weiß ich ebenfalls, was das bedeutet – weil ich selbst Führungskraft auf verschiedenen Ebenen war. Um als Führungskraft deine wahre Stärke zu entwickeln, ist es enorm hilfreich, deine persönliche Vision oder Mission zu kennen. Wenn du dir Gedanken darüber machst, warum du genau das tust, was du tust, und warum du nichts anderes tun möchtest. Wenn die Idee deiner Lebensaufgabe mit deiner Aufgabe im Beruf zusammenkommt, bist du sicher ebenfalls ein großes Stück weiter auf dem Weg zu deiner vollen Stärke.

Sicher kennst du Menschen, die auf dich so wirken, als könnte sie nichts aus der Ruhe bringen. Sie wirken stark und teilweise sogar mächtig. Was sie im Kern jedoch auszeichnet, ist eine enorme Erfahrung und häufig auch Souveränität. Diese Souveränität gilt es zu erreichen, um wirklich tiefe und nachhaltige Impulse setzen zu können.

Fang also, falls du es noch nicht machst, damit an, an dir zu arbeiten und dich intensiv mit dir selbst zu beschäftigen. Reflektiere dich und deine typischen Verhaltensmuster. Ermittle, warum du dich in bestimmten Situationen so verhältst, wie du dich gerade verhältst. Finde und entwickle Lösungen für alternative Vorgehensweisen, um dich selbst zu stabilisieren und in die ausgeprägteste Stärke zu kommen.

In der Stabilität liegt die Kraft

Wenn wir für andere Menschen verantwortlich sind, ist es empfehlenswert und wichtig, dass wir im Zustand unserer höchsten Kraft sind. Was ich damit meine, ist das Gefühl, wirklich stabil und sicher im Leben zu stehen. Du weißt dann, wo du hingehörst, und hast deinen Platz im Leben gefunden.

Von einem Therapeuten, der noch immer eine wichtige Rolle in meinem Leben spielt, erfuhr ich vor einigen Jahren etwas über die sogenannten Säulen des Lebens. Wenn sämtliche dieser Säulen gut aufgestellt sind, ist davon zu sprechen, dass du ein erfülltes und zufriedenes Leben führst.

An diese These glaube ich insoweit, als ich mittlerweile sehe, wie wichtig ein stabiles Fundament ist. Wenn du in deinem Leben sicher stehst, wirst du mit höherer Wahrscheinlichkeit auch in deiner Rolle als Führungskraft sicher bestehen. Mir geht es bei diesem Zustand übrigens nicht um deine jeweilige Tagesform oder um bestimmte Ereignisse, die uns auch mal schlecht drauf sein lassen. Mir geht es eher um das generelle Fundament, welches du dir aufbaust für dein Leben und für deine Zufriedenheit mit dir und deinem Gesamtzustand. Die fünf Säulen der Identität, die der Psychologe Hilarion Petzold in seinem Buch »Identität« beschreibt, sind frei übersetzt die folgenden:

- Säule 1: Partnerschaft, Beziehungen und soziales Umfeld
- Säule 2: Gesundheit und Fitness
- Säule 3: Arbeit und Leistung
- Säule 4: Werte und Ideale
- Säule 5: Materielle Sicherheit

Säule 1: Partnerschaft, Beziehungen und soziales Umfeld

Wir sind als soziale Wesen im Kern so beschaffen, dass wir Menschen um uns herumhaben wollen. Sicher gibt es auch Menschen, die von sich behaupten, keine Menschen in ihrem Umfeld zu brauchen.

Dennoch ist das soziale Umfeld, welches du dir aufbaust, ein enormer Stabilitätsfaktor. Es geht also darum, mit wem du deine Zeit verbringst und wer dir guttut. Jemand, der dafür sorgt, dass du du selbst sein darfst, und der dich zum Lachen bringt. Ebenso jemand, an den du dich anlehnen oder sogar ankuscheln kannst.

Im Verlauf meines beruflichen Lebens wurde mir immer bewusster, dass ich in Bezug auf berufliche Rollen vor allem ein stabiles Netzwerk brauche, an welches in mich im Bedarfsfall wenden kann. So entstanden höchst wertvolle Beziehungen zu tollen und erfahrenen Menschen, bei denen ich immer eine Antwort finde, wenn ich mich an sie wende.

Bei Führungskräften höre ich übrigens oft, dass ihnen entsprechende Netzwerke oder Netzwerkkontakte fehlen, in denen sie sich austauschen und in einen Diskurs treten können. Sollte dir in diesem Bereich eine Anbindung fehlen, so empfehle ich dir, dieses Netzwerk entsprechend aufzubauen. Der regelmäßige Austausch unter Gleichgesinnten ist wichtig und hilft dir, ein großes Stück stabiler zu sein. Du bekommst neue Informationen und kannst dich auf Augenhöhe von deinen Gesprächspartnern inspirieren lassen.

Säule 2: Gesundheit und Fitness

Eine höchst wichtige Säule, die wir im beruflichen Alltag gerne vernachlässigen, sind unsere gesundheitlichen Ressourcen. Da ich mittlerweile bei großen Events auftreten und eine sehr große Zahl von Menschen inspirieren darf, gewinnt diese Säule sogar noch mehr an Bedeutung. Du gehst deinen Aufgaben mit höchster Energie nach und benötigst dafür nachvollziehbarerweise reichlich Kraft und Ausdauer. Für mich selbst habe ich dabei eine sehr konsequente Entscheidung getroffen: Sämtliche mich womöglich schwächenden Genussmittel sind aus meinem Leben komplett verbannt. Bei mir waren es viele Jahre lang Zigaretten und immer mal wieder alkoholische Getränke. Weitere Drogen habe ich nie konsumiert, diese beiden Wirkstoffe sollten jedoch ebenfalls nicht mehr Bestandteil meines Lebens sein. Das lebe ich nun seit vielen Jahren höchst konsequent. In meiner Wahrnehmung wirkt sich das erheblich auf meine körperliche und vor allem geistige Fitness aus. Wenn wir ehrlich zu uns selbst sind, ist dies ein Schritt, der einzig und allein mit unserer Überzeugung und Willensstärke zu erreichen und deshalb möglich ist.

Zudem achte ich erheblich mehr darauf, wie ich mich ernähre und wie mein Körper in Bewegung bleibt. Sportliche Aktivitäten und generell viel Bewegung kennzeichnen seitdem mein Leben.

In puncto Stabilität führt das dazu, dass ich mich mit mir selbst wohler fühle und deshalb entspannter und ausgeglichener bin. Solltest du in diesem Segment deiner Lebenssäulen noch Optimierungspotenzial erkennen, ergreife die Initiative und beginne mit der Umsetzung. Dein Körper dankt es dir – und deine Mitarbeiter am Ende auch.

Säule 3: Arbeit und Leistung

Wenn dich erfüllt, was du täglich tust, gehörst du sicher bereits zu den stabileren Führungskräften. Stabilität entsteht eben auch dadurch, dass wir etwas gerne tun und in diesem Bereich eine entsprechende Leistung erbringen. Für diese erbrachte Leistung wiederum bekommen wir Anerkennung und das lässt uns zufriedener sein. Meine Beobachtung dabei ist, dass Führungskräfte, die im Kern mit ihrer Aufgabe oder sich selbst nicht zufrieden sind, diesen Frust allzu gerne an ihren Mitarbeitern auslassen. Das ist insofern erschreckend, als andere Menschen für etwas herhalten müssen, das du selbst beeinflussen und verändern kannst. Sei deshalb die Führungskraft, die gerne Führungskraft sein und andere weiterbringen möchte. Identifiziere dich im höchsten Maß mit dem, was du tust, und sorge genau dadurch für deine eigene höchste Stabilität.

Säule 4: Werte und Ideale

Die Dinge, die wir täglich tun oder mit denen wir unseren Lebensunterhalt bestreiten, dürfen Sinn ergeben. Je mehr Sinnhaftigkeit du für dich spürst, umso mehr wird dich die Aufgabe oder der Auftrag erfüllen. Geschieht das auch noch in großer Übereinstimmung mit deinen persönlichen Werten, wirst du dich vollständig und stabil fühlen.

Agierst du gegen deine Werte oder Überzeugungen, führt das zu negativem Stress und du gerätst unter Druck. Dieser Druck wiederum lässt dich Stabilität und damit letztlich Souveränität einbüßen.

Sorge also im höchstmöglichen Maß dafür, dass das, was du tust, einen Sinn für dich ergibt und mit deinem Wertesystem übereinstimmt. Wenn das im Job nicht zutrifft, sorge mindestens im privaten Umfeld dafür, dass diese Kriterien erfüllt sind. Ein Hobby oder Ehrenamt können hier beispielsweise für einen erheblichen Ausgleich sorgen.

Säule 5: Materielle Sicherheit

Wenn dich ständig finanzielle Nöte und Sorgen plagen, kann das sehr belastend sein und am eigenen Selbstwertgefühl nagen. Viele Menschen stecken mal in finanziellen Schwierigkeiten oder es plagen sie materielle Engpässe. Wichtig dabei ist, sich in absehbarer Zeit von diesen Lasten zu befreien und die eigenen Finanzen zu ordnen und in den Griff zu bekommen. Wenn das aus eigener Kraft nicht oder nur schwer gelingt, wende dich an Unterstützerinnen oder Unterstützer in deinem Umfeld und lasse dir helfen.

Sorge dafür, dass dich materielle Schwierigkeiten nicht destabilisieren und dann womöglich Auswirkungen auf deine Arbeit als Führungskraft haben, indem du frühzeitig Hilfe suchst. Als mich in der Vergangenheit durchaus schwere wirtschaftliche Schieflagen belasteten, half mir eine kompetente Person, Ordnung in meine Bücher zu bringen. Möglich war das einerseits aufgrund der Bereitschaft dieser Person, mir zu helfen. Noch viel wichtiger war jedoch, dass ich mich zu diesem Schritt bereit erklärte und mir Hilfe suchte.

Du zeigst in meiner Wahrnehmung erst dann wahre Größe, wenn du dir helfen lässt, anstatt nichts zu tun und die Themen schleifen zu lassen. Was ich übergeordnet beobachte, wenn ich mit Führungskräften verschiedener Hierarchiestufen arbeite: In vielen Bereichen der oben genannten Säulen liegen Defizite vor oder es existiert ein gewisses Ungleichgewicht.

Der Mensch neigt jedoch dazu, zu kompensieren, also in bestimmter Weise (auch Defizite) auszugleichen, um wieder in ein weitgehendes Gleichgewicht zu kommen. Diese Art der ausgleichenden Kompensation kann insoweit gefährlich sein, als das jeweilige Defizit zwar zeitweise überdeckt, jedoch nicht real ausgeglichen wird. Das führt offensichtlich oder mindestens unterschwellig zu weniger Zufriedenheit und höherer Anspannung.

Beschäftige dich also intensiv mit deinen Lebensthemen und nimm dir gegebenenfalls einen externen Unterstützer hinzu. Coaches, psychologische Berater oder einfach (wirkliche) Experten des jeweiligen Fachgebietes helfen dir, herauszufinden, wie du zu einer höheren Selbststabilität kommst. Denn nur wenn du selbst stabil bist, wirst du für deine Mitarbeiter die notwendige Stabilitätsfigur sein können.

Eine Reise, die niemals endet

Je mehr du dich als Führungskraft mit den Menschen und ihren vielfältigen Ausprägungen beschäftigst, umso eher wirst du Lust verspüren, das Frame-Impuls-Prinzip anzuwenden. Es ist von großer Bedeutung, neugierig zu bleiben. Das menschliche Verhalten ist komplex und vielschichtig. Dein Wissen, deine Erfahrungen und deine Aktionsmuster bestimmen deine Wirkung. Arbeite daher immer an deinem Wissen in Bezug auf menschliches Verhalten, typische Eigenschaften, vorhandene Reaktionsmuster, verschiedene Motivationstypen, psychologische Grundbedürfnisse, Gruppenverhalten, Wahrnehmungsgesetze und so weiter.

Lerne hier täglich dazu und erkläre deinen Lernprozess auch niemals für beendet. Das Stichwort des lebenslangen Lernens begegnet uns häufig in diesem Kontext. Und genau so sehe ich es auch: Fast täglich lerne ich etwas Neues hinzu, wenn es um Menschen geht. In vielen Fällen notiere ich mir relevante Erkenntnisse und sichere sie mir damit entsprechend. Darüber hinaus empfehle ich dir, dich regelmäßig weiterzubilden. Es gibt enorm viel zu entdecken und zu erforschen rund um den Menschen in all seinen Facetten.

Nicht immer müssen Weiterbildungen oder Qualifizierungsmaßnahmen explizit für Führungskräfte vorgesehen sein. Erweitere einfach deinen Wissensfundus mit allem, was dir hilft, dich selbst oder deine Mitarbeiter besser zu verstehen.

Im Folgenden helfe ich dir, etwas Licht ins Dunkel zu bringen, welche Formen an Weiterbildung für dich hilfreich sind:

Training in der Persönlichkeitsentwicklung (online oder offline)

Mittlerweile gibt es unzählige Angebote, die sich mit Themen der sogenannten Persönlichkeitsentwicklung beschäftigen.

In einem Training lernst du neue Dinge und probierst diese gleich aus beziehungsweise setzt sie in die Praxis um. Zu jeder Anwendung erhältst du idealerweise unmittelbar Feedback oder Hinweise darauf, was du besser machen kannst.

Die Themenvielfalt ist hierbei beeindruckend und du kannst unter anderem folgende Themen wählen: (Weiter-)Entwicklung, (persönliches) Wachstum, Future Skills, Resilienz, (Persönlichkeits-)Typologie, Veränderungsmanagement oder Change Management, Methoden, Impulse, Ziele, Selbstfindung, Menschenkenntnis, Selbstkenntnis, Kommunikation, Beziehungen, Führung oder Team.

Achte dabei darauf, dass der jeweilige Anbieter dich positiv anspricht und realistische Versprechungen macht. Ebenso halte ich es für wichtig, dass du dich mit dem jeweiligen Trainer gut identifizierst.

Coaching (online oder offline)

Coaching ist eine sehr persönliche und individuelle Form der Weiterbildung. In diesem Format geht es nur um dich und deine ganz persönlichen Themen. Da die Berufsbezeichnung Coach nicht geschützt ist, kann so ziemlich alles ein Coaching sein. Achte hier auf die Glaubwürdigkeit und die praktischen Erfahrungen des betreffenden Coaches. Es handelt sich um einen sehr intensiven und auch intimen Beratungsprozess, in welchem der ausgewählte Coach ausschließlich Wegbereiter ist und dich durch die verschiedenen Phasen eines Coachingprozesses führt. Dabei greift er nicht oder kaum in inhaltliche Aspekte ein, um sein persönliches Wissen einzubringen. Genau hier trennt sich die sprichwörtliche Spreu vom Weizen: Der exzellente Coach bombardiert dich nicht mit seinen Handlungsempfehlungen oder seinem Wissen, sondern er leistet Hilfe zur Selbsthilfe. Er hilft dir also dabei, die existierenden Probleme selbstwirksam zu lösen. Dabei gibt er höchstens Impulse, die dich anregen, eigene Lösungsstrategien zu entdecken und in die Umsetzung zu bringen.

Ein Coaching in der beschriebenen Art erfordert höchstes Zutrauen gegenüber dem Coach deiner Wahl und es baut sich eine vertrauensvolle Beziehung auf. Achte daher bei der Auswahl deines Coaches unbedingt darauf, dass du dir gut vorstellen kannst, dich auf ihn einzulassen. Du musst ihn nicht zwingend mögen, sondern eher das Zutrauen haben, dass er dich weiterbringt. Seriöse Coaches bieten für gewöhnlich Vorgespräche oder Probesitzungen an, in denen du das grundsätzliche Vorgehen, die Persönlichkeit des Coaches und das gemeinsame Grundverständnis kennenlernst, bevor du dich final entscheidest.

Mentoring

Als entwicklungsambitionierte Führungskraft ist es gut und hilfreich, einen Mentor zu haben. Diese erfahrene Person führt dich durch ihre eigenen Erfahrungen und beschreibt dir, was sie für sich jeweils daraus gelernt hat. Du bekommst also eher Inhalt und konkretes, praktisches Wissen vermittelt. Im Unterschied zum Coach achtet der Mentor darauf, sein vorhandenes (Erfahrungs-)Wissen mit dir zu teilen. Er greift idealerweise auf einen großen Erfahrungshorizont zurück und schafft es, dich in ansprechender Weise daran partizipieren zu lassen. Dabei zeigt er dir sowohl mögliche Lösungen auf als auch Problempunkte oder Gefahrenstellen. Du lernst bei einem Mentor durch die Impulse und Inspirationen, die er dir gibt, und zwar zunächst wertungsfrei und breit gefächert. Er wird vielleicht weniger individuell auf deine ganz persönlichen Anliegen eingehen, dir jedoch mit seinem breiten Wissen einen echten Mehrwert liefern.

Darüber hinaus gibt dir ein wirkungsvoller Mentor absolut direkt Feedback und sagt dir klar, was er von bestimmten Themen hält oder wie er sie einschätzt. Hinter dem Mentor steht außerdem für gewöhnlich ein großes Netzwerk, sodass er dich gegebenenfalls mit für dich relevanten Personen zusammenbringen kann.

Achte bei der Auswahl eines Mentors also auf die Summe seiner (nachweislich) gesammelten Erfahrungen, seine beruflichen Stationen und das hinter ihm stehende Netzwerk.

Selbststudium

Mittlerweile gibt es diverse Wissensquellen, die du als interessierte Führungskraft in Anspruch nehmen kannst. Fachartikel, Blogs, Podcasts, Bücher und Zeitschriften bieten dir reichlich Möglichkeiten, dich weiterzubilden. Selbst wenn du bereits vieles kennst und weißt, werden dich externe Impulse, manchmal auch sehr klein dimensionierte, erheblich weiterbringen. Entscheide für dich, in welcher Form du am besten Wissen konsumierst oder dir aneignen kannst. Digitale Medien liefern hier unendliche Möglichkeiten, aber auch Printmedien bieten ein breites Spektrum an ganz unterschiedlichen Formaten und Zugängen zu Lerninhalten.

Netzwerke

Begib dich aktiv in Netzwerke, in denen du das Gefühl hast, dich weiterentwickeln zu können. Mastermind-Gruppen oder thematisch aufgebaute Interessengemeinschaften können hier äußerst bereichernd und nützlich sein. Egal ob es eher heterogen zusammengestellte Gruppen oder Netzwerke mit ähnlichen Problemstellungen sind: Vernetze dich, tausche dich regelmäßig aus und sorge dafür, dass du frische Impulse bekommst. Als besonders wirkungsvoll und hilfreich habe ich Netzwerke empfunden, in denen es darum geht, sich gegenseitig oder wechselwirksam zu bereichern. Also eher jene Netzwerke, in denen es sowohl ums Nehmen als auch ums Geben geht. Das kann eine interessengeleitete Facebook- oder LinkedIn-Gruppe genauso sein wie ein Stammtisch unter Führungskräften, der sich real oder online regelmäßig zu einem bestimmten Thema austauscht. Gerade nach Workshops mit anderen gleichgesinnten Führungskräften lohnt es sich, diese Kontakte zu nutzen und weiter auszubauen, zum Beispiel durch regelmäßige Zoom-Calls.

Meine ganz persönliche Prämisse lautet, mich mindestens einmal pro Jahr in eine hochwertige Weiterbildung zu begeben. In Themengebieten, die mir interessant oder hilfreich erscheinen, bilde ich mich ohnehin fortlaufend weiter. Mir ist es wichtig, in meiner Entwicklung nicht stehen zu bleiben. Es gibt immer wieder Themengebiete zu erforschen, insbesondere wenn es um Menschen mit ihren jeweiligen Eigenschaften geht. Das lohnt sich, denn je sicherer du dich im Umgang mit dir selbst und deinen Mitarbeitern fühlst, umso besser und leichter wirst du deine Mitarbeiter entwicklungsorientiert führen.

Die Grenze bestimmt das Geschehen

Das Spiel mit Impulsen und bestimmten Interventionen ist meiner Erfahrung nach ein Spiel mit Grenzen. Es geht stets darum, die Grenzen auszuloten oder abzustecken. In meiner Arbeit mit Erwachsenen versuche ich jedoch auch immer wieder, über gewisse Grenzen hinauszugehen. Im Modell der Themenzentrierten Interaktion (nach Ruth C. Cohn) heißt es hierzu: »Freie Entscheidung geschieht innerhalb bedingender innerer und äußerer Grenzen. Erweiterung dieser Grenzen ist möglich«. Mich reizt und interessiert insbesondere der letzte Satz. Jeder trägt seine ganz individuell gesteckten Grenzen in sich, diese sind durch deine Gedanken bestimmt. Ebenso kann es eben sein, dass du dir selbst Grenzen setzt, die jedoch gar nicht absolute Grenzen sein müssen. Das bedeutet in der Praxis, dass ich stets versuche, mit interessanten und reizvollen Impulsen die individuellen Grenzen der Menschen zu erweitern.

Stell dir einen Teilnehmer vor, der sich in einem Training befindet und auf keinen Fall Rollenspiele machen möchte. Er wehrt sich vehement und kann aus seiner individuellen Sicht auch wortreich beschreiben, warum er sich auf keinen Fall auf solche Praxisübungen einlassen wird. Dahinter könnte stecken, dass er von dieser bewährten Trainingsmethode einfach nichts hält. Genauso könnte dahinterstecken, dass er Angst vor einer Blamage oder Bloßstellung hat. Vielleicht hat er auch schlechte Erfahrungen gemacht, die schon beim Stichwort »Rollenspiel« negative Emotionen auslösen. Der letzte Punkt ist übrigens ein sehr reales und häufig vorkommendes Szenario. Vielleicht erkennst du dich sogar selbst darin wieder?

In jedem Fall existiert eine Grenze im Kopf des Teilnehmers. Er signalisiert: »Stopp. Rollenspiele kommen für mich nicht infrage«. Wenn ich nun allerdings weiß und einschätzen kann, dass diese selbst gewählte Grenze ihn an möglichen und wichtigen Lernerfolgen hindert, befinde ich mich zunächst in einem Dilemma. Einerseits möchte ich den vorgebrachten Wunsch des Teilnehmers respektieren, andererseits möchte ich ihn einladen, genau diese Grenze zu verschieben.

Um ihn zu überzeugen, wähle ich häufig die grundsätzliche Idee eines Kompromisses. Der Teilnehmer nimmt zwar am Rollenspiel teil, darf aber beispielsweise die Übung zu jedem möglichen Zeitpunkt ab- oder unterbrechen. Damit lässt er sich zwar grundsätzlich darauf ein, hat jedoch die volle Kontrolle über das Rollenspiel. Dadurch denkt er über seine eigene Grenzerweiterung nach, sicher zusätzlich durch weitere gute Argumente gestützt, die absolut für die Umsetzung von Rollenspielen sprechen.

Eine weitere Variante ist, den betreffenden Teilnehmer erst in einer späteren Runde zum Rollenspieler werden zu lassen. So kann er zunächst aus der Beobachterperspektive feststellen, dass ihm diese Übung ausschließlich Vorteile bringt und er in jedem Fall davon profitiert.

Noch eine Idee, den Teilnehmer in Bezug auf seine eigene Grenzziehung zur aktiven Grenzerweiterung einzuladen, besteht darin, ihn nach seinen Bedingungen oder Anforderungen zu befragen. »Was brauchst du, um dich darauf einlassen zu können?«, könnte hier eine entsprechende Frage sein.

Wie du merkst, geht es im Kern um eine wichtige Botschaft: Wie gelingt es dir, deinen Mitarbeiter zu einer Grenzerweiterung einzuladen und dabei in gewisser Weise unnachgiebig zu sein, ohne den grundsätzlichen Respekt vor seiner Haltung oder Überzeugung zu verlieren?

Hierfür braucht es eine positive Grundhaltung, einen sehr stabil aufgebauten Rahmen und eine gewisse Beharrlichkeit. Wenn deine Mission darin besteht, Menschen weiterzuentwickeln, wirst du immer wieder an bestimmte Grenzen stoßen. Nimm diese Grenzen stets ernst und respektiere sie grundsätzlich. Nutze jedoch auch gegebene Spielräume, um den Mitarbeiter davon zu überzeugen, warum eine Grenzerweiterung sinnvoll ist und wie sie für ihn wirken kann.

Im Ergebnis stellst du fest, dass Mitarbeiter, die sich darauf eingelassen haben, in der Regel erleichtert bis froh sind. Wenn es dir gelingt, deinen Mitarbeiter zu einer Grenzüberschreitung zu motivieren, und du ihn bei diesem Schritt, den er nicht für möglich gehalten hat, begleitest, erzeugt dies enorm viele gute Gefühle und mitunter große Emotionen.

Dennoch bestimmt unterm Strich die Grenze das Geschehen. Wenn ein Mitarbeiter oder Teammitglied sich in gewisser Hinsicht verweigert, ist es nicht dein Auftrag, ihn zu bekehren oder gar zu etwas zu zwingen. Im Gegenteil: Indem er seine Ängste und Vorbehalte offen ausspricht, gibt er dir die Gelegenheit, ihn sehr offen zu erleben. Das ist ein riesiges Kompliment an dich und dies gilt es erst einmal positiv anzunehmen.

Erst in einem möglichen nächsten Schritt kannst du damit beginnen, deinen Mitarbeiter behutsam einzuladen, einen Blick auf die andere Seite seiner Grenze zu richten. Du kannst ihn dazu einladen, etwas zu entdecken, was er selbst so vielleicht noch nicht gesehen hat oder einordnen kann. Das alles tust du höchst wohlwollend, freundlich und zuvorkommend. Je weniger Druck du aufbaust, umso wirkungsvoller wird deine positive Einladung zur Grenzeroberung wahrscheinlich angenommen.

Entscheidend kann hier wiederum der nun schon oft postulierte Rahmen sein. Deine Einladung ist der Impuls und dieser fügt sich in den von dir gesetzten Rahmen: Wenn deine Mitarbeiter wissen, worauf sie sich einlassen und woran sie bei dir sind, werden sie dir eher zuhören, als wenn sie das Risiko beispielsweise eines Gesichtsverlusts nicht einschätzen können. Ebenso helfen bestimmte Vereinbarungen zusätzlich, sich genau in solchen Momenten daran zu erinnern.

Wenn zwar auf der einen Seite ein respektvoller Umgang und die Akzeptanz von Entscheidungen des Einzelnen vereinbart waren, steht auf der anderen Seite beispielsweise der ebenfalls vereinbarte Wunsch nach Wachstum oder Weiterentwicklung. Beides wird jedoch nur gelingen können, wenn die Grenzerweiterung erlaubt ist oder wenigstens getestet wird. Du kannst als Führungskraft sogar zu Beginn der Rahmensetzung vereinbaren, wie mit Grenzen umgegangen werden soll, wenn diese im Verlauf bestimmter Arbeitsprozesse erreicht werden. Haben deine Mitarbeiter in diesem Fall zugestimmt, darfst du sie daran erinnern und ihnen nun die Möglichkeit geben, ihre Zusage einzuhalten.

Ein wichtiges Merkmal im Umgang mit den bewussten oder unbewussten Grenzen der Menschen ist unbedingt zu beachten: Sei wirklich aufrichtig an der Entwicklung interessiert. Wenn deine tatsächliche Mission sein sollte, einfach nur Macht auszuüben oder deine Mitarbeiter zwanghaft in eine bestimmte Richtung bringen zu wollen, wird das Konzept nicht funktionieren und sicher scheitern.

Das zentrale Element ist die Würdigung des Mitarbeiters und der Respekt, dem du ihm als Menschen mit all seinen Besonderheiten zollst. Verstehst und akzeptierst du das, wird das Frame-Impuls-Prinzip eine absolute Bereicherung für dein Leben als Führungskraft sein. Nutzt du die Werkzeuge oder Vorgehensweisen hingegen missbräuchlich, wirst du den Respekt und in letzter Instanz das Vertrauen deiner Mitarbeiter völlig zu Recht verlieren.

Sei dir also zu jeder Zeit deiner großen Verantwortung bewusst und werde dir deiner eigenen Motive klar. Je aufrichtiger und menschenorientierter deine inneren Leitlinien sind, umso mehr erreichst du in Bezug auf deine gesetzten Ziele.

Kontinuierliche Verbesserung: Ein Blick zurück, ein Blick nach vorne

Die Führungsarbeit mit dem Frame-Impuls-Prinzip funktioniert übrigens dann am besten, wenn du dich selbst in einem kontinuierlichen Prozess der Verbesserung befindest. Sämtliche Impulsmethoden, Interventionen und auch die gekonnte Rahmensetzung werden von dir im Idealfall immer wieder reflektiert und optimiert.

Nicht ohne Grund ist die sogenannte Retrospektive in agilen Projekten ein so wichtiges Instrument. Wenn wir uns dieses Konzept vergegenwärtigen, lohnt sich jedes Mal, bevor du mit einer neuen Impulsmethode etwas bewirken willst, zunächst der Blick zurück. Bei dieser gedanklichen Rückreise schaust du darauf, wie die letzten Interventionen funktioniert haben oder an welchen Stellen es zu Schwierigkeiten kam. Du blickst also zurück, um zu lernen, und dann wieder nach vorne für die nächste Aktion.

Mir ging es beispielsweise so im Zusammenhang mit dem Einsatz einer speziellen Trainingsmethode, der aus der Pädagogik kommenden kollegialen Fallberatung. In dieser Methode blicken mehrere Kollegen oder Mitarbeiter auf ein Thema und beraten sich anschließend dazu. Die kollegiale Fallberatung verlief jedes Mal, wenn ich sie eingesetzt hatte, sehr gut und kam auch entsprechend gut bei Mitarbeitern oder Teilnehmern an. Jedoch reichten mir die Resonanzen nicht aus und ich beschloss, den klassischen Ansatz der kollegialen Fallberatung für die Bedürfnisse der Unternehmen anzupassen. Dazu blickte ich zunächst nach jeder erfolgten Umsetzung zurück und notierte mir die starken und besonders wirkungsvollen Umsetzungsteile.

Diese Teile wiederum fokussierte ich anschließend noch stärker und veränderte oder entfernte Elemente, die sich als weniger oder gar nicht besonders hilfreich erwiesen hatten. Eine bewährte Methode entwickelt sich dadurch kontinuierlich weiter und durch ihren verbesserten Ablauf entsteht eine völlig neue Qualität.

Ein solcher positiver Effekt einer kontinuierlichen Verbesserung entsteht jedoch nur dann, wenn du jedes Mal auf deine eingesetzten Impulsmethoden zurückblickst und diese Stück für Stück verbesserst. So wie du dich in deinem wahrnehmbaren Führungsverhalten ebenfalls täglich verbessern kannst.

Führungskräften, insbesondere manchen selbst ernannten Machern, bleibt laut eigener Aussage häufig nicht die Zeit, intensiv zu reflektieren oder sich nachträglich erneut mit den jeweiligen Umsetzungen zu beschäftigen. Das mag ich zwar auf der einen Seite akzeptieren. Im nächsten Schritt jedoch lade ich gerade solche Leader dringend dazu ein, sich die erforderliche Zeit zu nehmen.

Die Rechnung geht am Ende immer auf: Je mehr Zeit du heute in deine Optimierung investierst, umso eher werden dir später Umsetzungen gelingen und umso souveräner wirst du. Hier gewinnst du also Zeit, weil sich deine Vorgehensweise verbessert hat und du dadurch schneller wirksam bist.

Wenn ich heute die wie oben beschrieben stark optimierte Variante der kollegialen Beratung einsetze, wird mir sofort klar, was konsequente Verbesserung tatsächlich bringt: höhere Intensität und überdimensionale Lernerfolge. Es gibt einfach mehr Aha- oder Wow-Momente in kürzerer Zeit. Alle Beteiligten haben davon einen ungleich höheren Nutzen.

Der klassische Prozess der kontinuierlichen Verbesserung umfasst genau die folgenden Schritte, die zu gehen sind, wenn du deine Impulse, deine Managementmethoden und deinen Werkzeugkasten im Umgang mit deinem Team jedes Mal ein wenig besser machen möchtest:

Planen

Willst du beispielsweise deine Kommunikation ins Team verbessern, dann mach dir zunächst Gedanken über dein Vorgehen und setze dich gegebenenfalls mit bereits gemachten Erfahrungen auseinander. Überlege dir Schritt für Schritt, was du vorhast, und erstelle einen Ablaufplan. Am Ende kommt es gar nicht so sehr darauf an, ob der Plan exakt umgesetzt wird. Viel eher hast du klare Ideen, wie du vorgehen willst, und wirst dich im Zweifel daran erinnern oder darauf zurückgreifen können.

Tun

Bei der Umsetzung gehst du im Wesentlichen so vor, wie du es geplant hast. Du kannst im Tun bereits häufig erkennen, an welchen Stellen dein ursprünglicher Plan funktioniert und an welchen Stellen eher nicht. Wenn du dich sicher genug fühlst, kannst du bereits während der Umsetzung kleine Korrekturen vornehmen. Notiere dir idealerweise Beobachtungen oder Eindrücke an einem für dich gut geeigneten Ort, um später darauf zurückgreifen zu können.

Überprüfung

An dieser Stelle des fortlaufenden Prozesses überprüfst du, wie gut dir die Umsetzung gelungen ist. Du betrachtest angemessen kritisch den Verlauf und setzt dich damit auseinander, wohin du mit deiner Vorgehensweise gekommen bist. Du betrachtest, ob oder inwieweit du deine Ziele erreicht hast. Ebenso schaust du dir an, woran es gelegen hat, wenn das Ziel (noch) verfehlt wurde. Du überprüfst genau, woran es gelegen hat und was du hättest anders machen können.

Agieren

Im letzten Schritt des Prozesses triffst du relevante Entscheidungen, welche Elemente du beibehalten, ändern oder modifizieren wirst. Eventuell kann ein Bestandteil, den du beibehalten und stabilisieren möchtest, sogar zu einem deiner zukünftigen Standards werden. Im Fall eines kompletten oder teilweisen Misserfolges bewertest du das Verhalten oder deine Vorgehensweise möglicherweise komplett neu. Denkbar ist auch, dass du dir neue oder anderslautende Ziele setzt, die nach den gesammelten Erfahrungen womöglich eher zum gewünschten Ziel führen. Danach beginnt der gesamte Prozess erneut von vorne und du befindest dich in einer konsequenten, kontinuierlichen Optimierung deines Vorgehens.

Mit diesen Hinweisen und Vorgehensweisen wird es dir gelingen, jeden Tag oder nach jedem gesetzten Impuls ein wenig besser zu werden. Enorm wichtig dabei ist, dein Vorhaben in keinem Fall einfach in dem Zustand zu belassen, in dem es gerade ist. Mit einer Ausnahme: Wenn deine Intervention schon ein vollständiges Erfolgsmodell ist und dein bewusst gewählter Impuls stets die gewünschten Resultate liefert. Dann fange nicht an zu experimentieren. Ich bin sicher: Dann warten andere Aufgaben auf dich, die angepackt werden wollen.

Flieg nicht so hoch, mein kleiner Freund

Wenn das Frame-Impuls-Prinzip fest verinnerlicht ist und du es als Führungskraft geschafft hast, ein hohes Vertrauen aufzubauen, werden Dynamiken möglich, die du vorher nicht für möglich gehalten hast. Je wohler Menschen sich fühlen, umso eher sind sie zu Einlassungen bereit. Je sicherer sich deine Mitarbeiter in dem von dir gesetzten – und bestenfalls gemeinsam definierten – Rahmen fühlen, umso mehr sind sie auch bereit, bestimmte Risiken einzugehen oder sich auszuprobieren.

Deshalb ist es mir an dieser Stelle enorm wichtig, das Thema Verantwortung noch einmal gesondert zu betrachten. Die Aufforderung »Flieg nicht so hoch, mein kleiner Freund« steht dabei sinnbildlich für einen sorgfältigen Umgang mit der Methode – ohne es gleich zu übertreiben. Wenn Menschen nämlich merken, was mit solchen Techniken alles möglich wird, kann es passieren, dass sie immer mehr wollen und die Kontrolle verlieren. Wenn wir für Menschen Verantwortung haben oder übernehmen, ist es jedoch überdurchschnittlich wichtig, ebendiese Verantwortung auch in jeder Situation ernst zu nehmen. Fühle dich als Führungskraft verantwortlich für das gesamte Spielfeld und auch alle Schauplätze drumherum. Stell dir einen Trainer oder Coach vor, der sich in jeder Hinsicht für seine Mannschaft und die darin spielenden Persönlichkeiten verantwortlich fühlt. Seine Arbeit beginnt weit vor jedem einzelnen Spiel oder Wettbewerb und dauert erheblich länger als die eigentliche Spielzeit. Er macht sich grundsätzliche Gedanken darüber, wie Erfolge zu erzielen sind, über die richtige Spieltaktik und eine optimale Mannschaftsaufstellung. Genauso fördert er die Gemeinschaft und baut einen starken Teamgeist auf, der tragfähig und belastbar ist. Der Unterschied macht sich später genau in der Situation bemerkbar, in der das Spiel nicht optimal verläuft oder noch weitere Ressourcen aktiviert werden müssen, um das verloren geglaubte Spiel doch noch zu gewinnen. Wenn der Rahmen stimmt, gehört also auch dein Team zu den Spitzenklubs und wird entsprechend angesehen sein.

Die Verantwortung, die du für dein Team übernimmst, ist vergleichbar mit der Verantwortung, ein Fahrzeug zu führen. Manchmal ist es ein Kleinwagen, in dem vielleicht ein Beifahrer oder noch zwei bis drei Fahrgäste mitfahren. In manchen Fällen jedoch ist es ein Minibus oder sogar ein Reisebus, in welchem du eine größere Anzahl an Menschen mitnimmst. Du bist in der Verantwortung, dass diesen Menschen nichts passiert und sie die Reise (mit dir) sicher überstehen.

Dazu gehören verschiedene Aspekte, die zu berücksichtigen sind:

Kenne die grundsätzlichen Regeln

Von enormer Bedeutung ist, dass du verstehst, welche Regeln und Normen vorherrschen. Bestenfalls hast du das zugehörige Regelwerk sogar selbst und mit deinem Team gemeinsam entwickelt. Ihr seid mit den Regeln verbunden und fühlt euch für die Einhaltung derselben verantwortlich. Ebenso sind alle Regeln wirklich allen bekannt und eindeutig. Sie können also nicht beliebig interpretiert oder nach eigenem Ermessen abgewandelt werden.

Mindestens genauso wichtig ist es, sich mit dem Umgang mit Individuen und Gruppen auszukennen. Du bist also Experte darin, zu verstehen, wie Menschen »ticken« und dass sie sich dabei nach bestimmten Gesetzmäßigkeiten verhalten.

Sorge für deine eigene Steuerungstüchtigkeit

Wie sicher und souverän du – bildlich gesprochen – das Fahrzeug lenkst, hängt erheblich davon ab, in welchem Gesamtzustand du dich selbst befindest. Je fitter, aufgeräumter, geordneter und bewusster du selbst bist, umso besser wird dir das gelingen.

In der eigenen Tüchtigkeit geht es um die körperliche Fitness mindestens genauso stark wie um die geistige oder mentale Fitness. Bist du also auch geistig wach und präsent, wirst du erheblich besser auf verschiedenste Situation reagieren können. Du wirst frühzeitig Gefahren erkennen und ihnen mit höchster Souveränität begegnen beziehungsweise rechtzeitig ausweichen können.

Aufgeräumt und bewusst bist du, wenn du dich intensiv mit dir selbst beschäftigst. Du kennst also deine Stärken ebenso gut wie deine Optimierungsfelder. Du weißt genau, wann du in welchen Situationen besonders steuerungstüchtig bist oder welche Situationen dich eher aus dem Konzept bringen.

Die höchste Bewusstheit erreichst du, indem du im gegenwärtigen Moment lebst, handelst und agierst. Sei dir deiner selbst bewusst und konzentriere dich darauf, im vollen Umfang präsent zu sein. Dabei schweifst du weder zu sehr in die Vergangenheit ab noch begibst du dich in deinen Gedanken zu sehr in die Zukunft.

Du erreichst die höchste Stufe der Steuerungstüchtigkeit, wenn du zu jeder Zeit vollumfänglich in der Lage bist, das Team beziehungsweise – um im Bild zu bleiben – das Fahrzeug zu führen. Nichts beeinträchtigt oder destabilisiert dich.

Manifestiere die jeweiligen Rahmenbedingungen
Ist das Fahrzeug, welches du führen willst, in einem tadellosen Zustand, wird die jeweilige Fahrt oder gemeinsame Reise absolut sicher verlaufen.

Konkret bedeutet das, den skizzierten und festgelegten Rahmen sehr stabil zu halten. Es kommt hierbei darauf an, auf etwaige Störungen oder Unterbrechungen so vorbereitet zu sein, dass du dir im Vorfeld Lösungen für bestimmte Szenarien ausgedacht hast. Du bist auf die wahrscheinlichsten Möglichkeiten, wie sich etwas entwickeln kann, vorbereitet.

Um wieder im Sinnbild des Fahrzeugs zu bleiben, das hier stellvertretend für den Rahmen steht, bedenkst du mindestens folgende Faktoren:

Reifendruck

Ist der jeweils vorhandene Druck, der auf Themen, Erwartungen oder Zielen lastet, eher im Normalbereich oder (zu) hoch? Falls zu viel Druck vorhanden ist, finde Möglichkeiten des regelmäßigen Druckausgleichs. Im Fall eines dauerhaften Überdrucks habe ich bei Menschen die Beobachtung gemacht, dass sie nach einer gewissen Zeit zusammenbrechen. Im Fall eines permanenten Unterdrucks stellen sich Langeweile oder auch eine weniger produktive Gemütlichkeit ein. Das optimale Verhältnis von gesundem Druck, passend zu den individuellen Potenzialausprägungen deiner Mitarbeiter, ist also von großer Bedeutung.

Profiltiefe

Der Reifen rollt nur dann rund, wenn das entsprechende Profil auf dem jeweiligen Untergrund greift und für die nötige Sicherheit sorgt. Das, was du mit deinem Team tust oder bearbeitest, passt also idealerweise zu den gegebenen Umständen. Ansonsten könnte es sein, dass du Sommerreifen aufgezogen hast und dein Fahrzeug bei schwierigen Wetterverhältnissen im Winter ordentlich ins Rutschen kommt. Ein realistischer Anspruch, die Passgenauigkeit des richtigen Themas zu den richtigen Menschen und die existierenden Bordmittel sind also ebenfalls von zentraler Bedeutung.

Frischluftzufuhr

Menschen benötigen regelmäßig Sauerstoff, um den Körper ausreichend damit zu versorgen. Falls nicht vorhanden, können gewisse Leistungen nicht erbracht werden. Es ist also dringend empfehlenswert, stets für genügend Frischluftzufuhr zu sorgen. In die reale Praxis deines Führungsalltags übersetzt kann das bedeuten, für bestimmte Elemente zu sorgen, die deine Mitarbeiter für ihre Arbeit notwendigerweise brauchen. Dazu gehören beispielsweise grundlegende Informationen oder Updates zu wichtigen Entwicklungen.

Wartung und Verschleißteile

Wenn du dein Fahrzeug regelmäßig überprüfst und Verschleißteile auswechseln lässt, steigt die Wahrscheinlichkeit einer sicheren Fahrt und Ankunft am Zielort.

Wieder in deinen Führungsalltag übersetzt bedeutet das, dich regelmäßig weiterzubilden und weiterzuentwickeln. Bilde dich aus und fort. Nimm dir Zeit, deine Kompetenzen zu erweitern, und tausche auch manches Verschleißteil, also zum Beispiel abgenutzte Glaubenssätze, gegen neue aus. Du stellst fest, dass du durch frische Impulse und manch neu eingebautes Teil in deiner Gesamtkompetenzausstattung wieder völlig neue Perspektiven und Möglichkeiten entdeckst.

Tankfüllung

Fülle regelmäßig deinen Tank mit den richtigen Kraftstoffen auf. Gesunde Kraftstoffe im realen Leben sind dabei Obst, Gemüse, Wasser und allgemein eine ausgewogene Ernährung. Weniger gesunde und damit möglicherweise auch deinen Motor lahmlegende Stoffe sind sämtliche Drogen oder schädliche Nahrungsmittel im falschen Maß. Achte also auf dich und die richtige Dosierung, damit dein Motor mit voller Kraft arbeitet und du als Führungskraft in Erscheinung treten kannst.

Gurtpflicht

Um das Unfallrisiko zu reduzieren und dafür zu sorgen, dass alle Mitreisenden gesund den jeweiligen Zielort erreichen, ist der vorhandene Sicherheitsgurt anzulegen. Dabei ist es deine Verantwortung als Fahrzeugführer, dafür zu sorgen, dass mindestens alle Fahrzeuginsassen darauf hingewiesen wurden, den Gurt anzulegen. Für dich als Führungskraft bedeutet das in den Kontext Führung übersetzt, alle Mitarbeiter auf ihre jeweilige Mitwirkung beziehungsweise Selbstverantwortung hinzuweisen. Selbstverständlich bist du als Führungskraft in erster Linie für die Gesamtsteuerung verantwortlich, jedoch sind alle Mitarbeiter im gleichen Maß verantwortlich und zur Mitwirkung verpflichtet. Je stärker das Verständnis dafür ausgeprägt ist, umso eher wird das gesamte Leistungsspektrum des Teams abgerufen werden können.

Gesamthaft betrachtet erscheint es mir jedoch am wichtigsten, dass du als Führender über eine hohe Fähigkeit der Selbststeuerung und Selbstkontrolle verfügst. Es geht um das Wohl deiner Mitarbeiter und damit hast du eine zentrale Verantwortung.

Wirst du also womöglich leichtsinnig oder entscheidest du dich dafür, ein zu hohes Risiko einzugehen, wird dein Team Schaden nehmen. Anders gesagt: Hast du zu jeder Zeit und aufrichtig die Gesundheit und das gesamte Wohlergehen deiner Mitarbeiter im Blick, wirst du deiner Verantwortung gerecht. Du sorgst also dafür, dass sich alles in Balance befindet. Dazu gehört sehr häufig Mut und noch viel öfter ein extrem hohes Maß an Selbstbeherrschung.

Bedenke bitte: Auf der einen Seite hast du sicher die (formelle) Macht, einen Rahmen zu setzen. Auf der anderen Seite bist du allerdings auch unbedingt dafür zuständig, deinen Rahmen für dein Team stabil zu halten. Nimm den stetigen Verantwortungsauftrag inklusive der bestehenden faktischen Fürsorgepflicht also ernst und achte dabei ebenso gut auf dich selbst wie auf alle anderen.

Ein Hoch auf die Zusammenfassung

Hätte ich vor vielen Jahren ein Buch wie dieses zur Verfügung gehabt, wäre mir sicher viel Schmerzhaftes in meiner Führungslaufbahn erspart geblieben. Genau deswegen ist es entstanden. Um dir und anderen Führungskräften zu zeigen, dass erlebnisorientierte Führung im Sinne des Frame-Impuls-Prinzips sehr viel Sinn ergibt und dein Leben in der Praxis erleichtert. Dennoch ist es eben nicht immer leicht, an alles zu denken oder zu jeder Zeit alles richtig zu machen.

Letztendlich geht es darum auch gar nicht. Vielmehr geht es darum, dass du authentisch bist und bleibst. Damit dich deine Mitarbeiterinnen und Mitarbeiter begreifen und erfassen können. Es geht um gelingende Beziehungen und die Berücksichtigung individueller Motiv- und Bedürfnisstrukturen.

Der jeweilige Rahmen, den du wie ein schönes Stück Geschenkpapier um den Inhalt wickelst, kann dir dabei helfen, euren gemeinsam Arbeitsansatz zu gestalten. Die Impulse, die du von nun an setzt, sind die Schleife, die du zusätzlich um das wunderschön gepackte Geschenk bindest.

Der jeweilige Inhalt (= Aufgabe, Auftrag, Ziel), der gesetzte Rahmen (= Konstrukt drumherum) und die zielgerichteten Impulse (= Methoden zur erlebnisorientierten Führung) sind somit als ganzheitliches Gesamtkunstwerk zu verstehen.

Um beim Bild des Geschenks zu bleiben: Ist ein wunderschön verpacktes Geschenk plus Schleife ohne relevanten Inhalt, wird nach der Übergabe eine gewisse Ernüchterung beim Beschenkten einsetzen. Stimmt der Inhalt zwar, wird dieser jedoch ohne Geschenkpapier überreicht, so gehen die Romantik und ein gewisser Zauber der Geschenkübergabe verloren. Stimmen sowohl Inhalt als auch Verpackung, kann eine stimmungsvolle Geschenkübergabe erfolgen. So richtig vollständig wird es dann jedoch erst durch das Zusammenwirken aller drei Komponenten, also auch noch mit dem entsprechenden Schleifchen drumherum.

Wenn du dich nun fragst, warum es bei dir romantisch oder sogar zauberhaft zugehen muss, sei folgender Hinweis erlaubt: Das Romantische steht hier sinnbildlich für eine werte- und menschenorientierte Art zu führen. Es geht darum, dir und deinen Mitarbeitern schmerzvolle Begegnungen oder Ereignisse zu ersparen.

Mit dem Frame-Impuls-Prinzip bist du in der Lage, dafür zu sorgen, dass im Zusammenspiel der optimalen Komponenten von Führung die besten Resultate entstehen. Diese Komponenten sind:

- hohe Mitarbeiterzufriedenheit,
- hohe Motivation,
- hohe Leistungsbereitschaft,
- hohe Eigeninitiative,
- hohe Produktivität,
- hohe Identifikation mit dem Unternehmen,
- hohes Maß an Mitarbeiterbindung,
- geringe Wechselmotivation,
- geringe Krankheitsquote.

Das Frame-Impuls-Prinzip nutzt und vereint bewährte Ideen und Erkenntnisse aus Erlebnispädagogik und allgemeiner Verhaltensforschung auf der Grundlage eines positiven, humanistisch geprägten Welt- und Menschenbildes. Das alles macht es zu einem besonderen Prinzip, eben weil die Würde des Menschen, seine unendliche Vielfalt und seine individuellen Persönlichkeitsmerkmale auf hohem Niveau anerkannt werden. Mithilfe stabil gesetzter Rahmen, die für ein hohes Maß an Vertrauen, Intensität, Offenheit und auch Intimität in den Arbeitsbeziehungen sorgen, wird das nötige »Set-up« aufgebaut, in dem die von dir als Führungskraft gesetzten Impulse intensiv(er) wirken.

Für mich persönlich bedeutet die Arbeit mit dem Frame-Impuls-Prinzip eine große Ansammlung bemerkenswerter und beeindruckender Erfolge. Stell dir das wie ein großes Mischpult vor, mit dem du das Konzert deines Lieblingsinterpreten stimmig inszenierst. Mal ist es wichtig, dass die Stimme einen besonderen Klang bekommt, und manchmal steht im Vordergrund, dass ein bestimmtes Instrument exponiert in Erscheinung tritt. Am Ende entscheidet jedoch das Gesamtpaket aus klanglicher Inszenierung, beeindruckender Lichtshow und packender Performance des Interpreten beziehungsweise seiner Band über das Konzerterlebnis. Du verlässt das Konzert mit einem Gefühlscocktail aus Glückseligkeit, tiefer Zufriedenheit und einem Bewusstsein für die einzigartigen Momente, die dabei entstanden sind.

Genau das gelingt dir mit der erlebnisorientierten Führung im Frame-Impuls-Prinzip. In meiner persönlichen Praxis als Trainer sorgte das im Ergebnis für viele erfüllte und bereicherte Teilnehmer sowie Eventbesucher.

Bezogen auf meine Arbeit als Führungskraft waren die für mich schönsten Momente stets die, in denen meine Teams besonders herausgehoben oder für ihre Leistungen in besonderer Weise gewürdigt wurden. Noch sehr gut erinnere ich mich beispielsweise an Pokalübergaben oder Incentivereisen, die nach exzellenten Teamleistungen der verdiente Lohn waren. Nicht weil das womöglich mein Verdienst gewesen wäre, sondern wegen der Art und Weise, wie sich die Mitarbeiter im jeweils gesetzten Rahmen gesehen, wahrgenommen und gewürdigt fühlten. Außergewöhnliche Leistungen und viele Extrameilen waren das logische Resultat.

Gleichermaßen war ich jedes Mal extrem stolz, wenn ich erreichte Leistungen und Ergebnisse stellvertretend präsentieren durfte. Bestimmt kennst du dieses Gefühl, wenn du etwas zeigst, an dessen Entstehung du in einem gewissen Umfang beteiligt warst und das dir das Herz vor Stolz fast aus der Brust springen lässt. Um genau diese Momente geht es doch, die wir alle erleben und genießen wollen.

Dazu sei angemerkt: Es handelt sich stets um einen Prozess und nie um eine sofort eintretende Wirkung. Von der umfänglichen Erschaffung des tragfähigen Rahmens bis zu dem Tag, an dem du erreichte Erfolge feiern darfst, vergehen oft viele Monate. Sei geduldig und setze dir bewusst Teilziele, damit du dich Schritt für Schritt dem optimalen Zustand näherst. Steh insbesondere dann wieder auf, wenn es Rückschläge oder sogar Niederlagen zu verdauen gilt. Diese von mir gerne »Downsize« genannten Phasen gehören ebenso dazu wie die zahlreichen Momente großen, überschäumenden Glücks. Letztere treten umso häufiger auf, je länger der von dir gesetzte Rahmen sich als stabil erweist und die auf höchstem Niveau gesetzten Impulse ihre volle Wirkung entfalten.

8.

Warme Worte zum Abschluss

Wann immer übergeordnete oder hierarchisch höher gestellte Manager bei meinen Events anwesend sind, überlasse ich ihnen für eine gewisse Zeit die Bühne, um einführende oder abschließende warme Worte zu sprechen. Das ergibt deshalb sehr viel Sinn, weil diese verantwortlichen Führungskräfte eben auch in der Rahmensetzung eine Funktion übernehmen. Sie geben eine bestimmte Richtung oder Erwartung für die Umsetzung vor oder binden eine Veranstaltung mit oft wichtigen Worten stimmig ab. Meine warmen Worte an dich zu meinem dir vorliegenden Werk sind ähnlich intendiert. Ich frage mich, wie du das Gelesene nutzen möchtest. Mein Ansporn beim Schreiben war, zu helfen, Mut zu machen, zu ermuntern und anzuregen. Mit Überzeugung ermuntere ich zur Umsetzung. Den Zweifelnden unter den Leserinnen und Lesern kann ich sagen: Das Vorgetragene ist praxiserprobt und vielfach angewandt und damit auch für euren beruflichen Kontext mit hoher Wahrscheinlichkeit nutzbar. Mir geht es in erster Linie um eine qualitativ höherwertige Form von Führung, als diese womöglich bisher stattgefunden hat.

Wenn nur ein kleiner Teilausschnitt oder ein bestimmtes Mikroelement sich durch aus der Lektüre gewonnene Erkenntnisse für dich verbessert, bin ich schon glücklich. Denn aus einem ersten Schritt folgen oft ein zweiter und dann viele weitere Schritte in der persönlichen Entwicklung.

In der täglichen Praxis arbeite ich in abschließenden Reflexionen gerne mit einer sogenannten multiperspektivischen Betrachtung. Auf diese Weise gestalte ich nun auch den letzten inhaltlichen Impuls.

Dazu identifiziere ich passende Rollen beziehungsweise Perspektiventräger, die in einem Zusammenhang mit dem jeweils zu reflektierenden Thema stehen. Für die Reflexion dieses Buches bieten sich folgende Perspektiven an:

- die Führungskraft (= die ambitionierte Führungskraft, die sich regelmäßig weiterbildet und dazu vorhandene Literatur studiert),

- der Autor (= der vielleicht erfahrene Autoren-Kollege, der sich am Maßstab seiner eigenen Werke orientiert und nach diesem mein Buch bewertet),
- Sprachwissenschaftler (= fundierte Experten, die mein Buch aus sprachwissenschaftlicher Expertise lesen und bewerten),
- Trainer, Coaches oder Speaker (= sicherlich höchst erfahrene Kollegen der eigenen Branche, die aus ihrer jeweiligen Perspektive auf das Geschriebene blicken),
- Entscheider (= vermutlich höchst relevante Entscheider, die sich gegebenenfalls Gedanken darüber machen, ob sie mich beauftragen oder als Unterstützer in ihr Unternehmen holen),
- Kunden, Klienten und Teilnehmer (= geschätzte Menschen, die mich vermutlich kennen und womöglich sogar mögen oder wenigstens gut leiden können),
- Familie, Freunde und Bekannte (= großartige Menschen meines nahen oder näheren Umfelds, die vermutlich mit einem gewissen Wohlwollen auf das vorliegende Werk blicken).

Vermutlich gibt es weitere Rollen, die in der genannten Aufzählung erwähnt werden könnten. Worum es in dem von mir gerade entwickelten Rollenmodell allerdings tatsächlich geht, ist folgende Erkenntnis: Jede der kurz beschriebenen Perspektiven ist wertvoll und bereichernd. Und je nach Perspektive werden auch ganz unterschiedliche Dinge in diesem Buch als besonders wertvoll oder weniger wertvoll erscheinen.

Führungskräfte könnten Aussagen treffen wie: »Endlich! Ein kompaktes Sachbuch mit sehr guten Ideen für meine tägliche Praxis als Führungskraft« oder »Habe mehr erwartet. Ist schon ganz in Ordnung, allerdings bringt es mich nur teilweise weiter« oder »Kann ich gar nichts mit anfangen. Bin überfordert und jetzt verwirrter als vorher«.

Andere Sachbuchautoren sehen sich mit ihrer speziellen Rollenbrille vielleicht eher zu Aussagen hingerissen wie: »Interessant. Das Buch des Kollegen gefällt mir richtig gut und ich nehme es mir als positives Vorbild« oder »Na ja – wie so oft: Viel versprochen und am Ende eben nur durchschnittlicher Mehrwert« oder »Unglaublich. Wie kann jemand so etwas tatsächlich als Sachbuch anpreisen?«.

Sprachwissenschaftlerinnen oder Sprachwissenschaftler mit größter Fachexpertise könnten denken: »Wow – Respekt. Ein sprachlich, inhaltlich und strukturell sehr gut aufbereitetes Buch« oder »Es gibt definitiv bessere Bücher, dieses ist für ein Erstlingswerk schon ganz ok« oder »Bin empört. So ein sprachliches Desaster. Kaum auszuhalten«.

Kolleginnen und Kollegen aus meiner beruflichen Zunft reagieren möglicherweise so: »Sensationell. Jede Menge praktische Tipps und hervorragende Ansätze. Danke« oder »Vieles kannte ich schon. War nicht viel Neues für mich drin« oder »Geht gar nicht. Hätte ich auf jeden Fall besser hinbekommen«.

Entscheiderinnen und Entscheider in Unternehmen, die darüber nachdenken, mich zu buchen, denken vielleicht: »Stark. Den Mann brauche ich in meinem Unternehmen. Eine echte Bereicherung« oder »Ein Buch von vielen. Weder besonders gut noch besonders schlecht« oder »Hat mich nicht überzeugt und wird in meinem Unternehmen nicht funktionieren«.

Hoch geschätzte Kundinnen und Kunden, Klientinnen und Klienten oder Teilnehmerinnen und Teilnehmer denken bestimmt: »Ein tolles Buch. Wirklich lesenswert und voller wichtiger Inhalte. Sehr gelungen« oder »Ganz in Ordnung. Erkenne viele Themen wieder, die ich schon von Heiko Zieroth kannte« oder »Da kann ich nichts mit anfangen. Bringt mich nicht nach vorne«.

Meine geliebte Familie, nahestehende Freunde und gute Bekannte denken eventuell: »Wir lieben und schätzen dich und sind unglaublich stolz«.

Während ich diese verschiedenen möglichen Reaktionen aufschreibe, muss ich ein wenig schmunzeln. Wie du vermutlich merkst, nehme ich mich manchmal selbst nicht übermäßig ernst und kann es gut aushalten, wenn unterschiedliche Reaktionen zustande kommen. Viel wichtiger ist mir jedoch: Jede Perspektive hat ihre Berechtigung. Du wirst an einer oder mehreren Stellen durch einen Perspektivenwechsel jedoch einen Zugewinn für dich verbuchen. Lass es einfach zu und genieße, wenn dich etwas inspiriert oder weiterbringt. Dabei habe ich mir angewöhnt, die Dinge eher als Chance zu betrachten, als überdimensioniert kritisch sein zu müssen.

Genau deshalb freue ich mich über jede Reaktion. Wer überhaupt in der Lage ist, etwas über das Buch zu sagen oder zu schreiben, hat sich mindestens mit den Inhalten beschäftigt. Das allein ist genial und freut mich sehr. Mein Dank gilt also allen, die sich mit mir als Autor und meinem ersten Sachbuch beschäftigen.

Falls dir etwas einfällt, was du mir dazu mitteilen möchtest, tue das jederzeit gerne. Ebenso freue ich mich über jede Art von Feedback und besonders über eine Weiterempfehlung!

Literaturverzeichnis und verwendete Quellen

Alfred Adler (2001): Der Sinn des Lebens. Fischer, Frankfurt am Main.

Alfred Adler (2001): Menschenkenntnis. Fischer, Frankfurt am Main.

Alfred Adler (2001): Praxis und Theorie der Individualpsychologie. Vorträge zur Einführung in die Psychotherapie für Ärzte, Psychologen und Lehrer. Fischer, Frankfurt am Main.

Manfred Amelang, Dieter Bartussek (2001): Differentielle Psychologie und Persönlichkeitsforschung. Kohlhammer, Stuttgart.

Wolfgang Berger, Dietmar Schrey (2018): Business Reframing. Humanes Management in Resonanz mit Herz und Hirn. Springer Gabler, Wiesbaden.

Michael Birkenbihl (2011): Train The Trainer. Das Arbeitshandbuch für Ausbilder und Dozenten. Mi-Wirtschaftsbuch, München.

Vera F. Birkenbihl (2018): Wie Lernen gelingt. Mit 17 konkreten Methoden, Tricks und Lernspielen. mvg, München.

Kenneth Blanchard, Patricia Zigarmi, Drea Zigarmi (2015): Der Minuten-Manager: Führungsstile. Situationsbezogenes Führen. Rowohlt, Hamburg.

René Borbonus (2014): Respekt! Wie Sie Ansehen bei Freund und Feind gewinnen. Econ, Berlin.

Veronika Brandstätter, Julia Schüler, Rosa Maria Puca, Ljubica Lozo (2013): Motivation und Emotion. Allgemeine Psychologie für Bachelor. Springer, Berlin.

Henning Beck (2020): Das neue Lernen heißt Verstehen. Ullstein, Berlin.

Robert B. Cialdini (2010): Die Psychologie des Überzeugens. Wie Sie sich selbst und Ihren Mitmenschen auf die Schliche kommen. Huber, Bern.

Arthur P. Ciaramicoli, Katherine Ketcham (2001): Der Empathie-Faktor. Mitgefühl. Toleranz. Verständnis. dtv, München.

Stephen R. Covey (2018): Die 7 Wege zur Effektivität: Prinzipien für persönlichen und beruflichen Erfolg. Gabal, Offenbach am Main.

Ruth C. Cohn (2021): Von der Psychoanalyse zur themenzentrierten Interaktion. Von der Behandlung einzelner zu einer Pädagogik für alle. 20. Auflage, Klett-Cotta, Stuttgart 2021.

Dalai Lama (Tenzin Gyatso), Howard C. Cutler (2011): Die Regeln des Glücks. Lübbe, Köln.

Peter H. Ditko, Norbert Q. Engelen (2001): In Bildern reden. So entdecken Sie Ihre rhetorische Kraft. 2. Auflage, Ullstein, Berlin.

Rudolf Dreikurs (2005): Grundbegriffe der Individualpsychologie. Klett-Cotta, Stuttgart.

Gunter Dueck (2014): Schwarmdumm. So blöd sind wir nur gemeinsam. Campus, Frankfurt am Main.

Amy C. Edmonson (2020): Die angstfreie Organisation. Wie Sie psychologische Sicherheit am Arbeitsplatz für mehr Entwicklung, Lernen und Innovation schaffen Vahlen, München.

Birte Egloff (2009): Emotionsregulation. In: Veronica Brandstätter, Jürgen H. Otto (Hrsg.): Handbuch der Allgemeinen Psychologie. Motivation und Emotion. Hogrefe, Göttingen. Seite 714–722.

Paul Ekmann (2010): Gefühle lesen. Wie Sie Emotionen erkennen und richtig interpretieren. 2. Auflage. Springer Spektrum, Berlin.

Albert Ellis (2008): Grundlagen und Methoden der Rational-Emotiven Verhaltenstherapie. Klett-Cotta, Stuttgart.

Flammer, A. (1990): Erfahrung der eigenen Wirksamkeit. Einführung in die Psychologie der Kontrollmeinung. Huber, Bern.

Klaus Fröhlich-Gildhoff, Maike Rönnau-Böse (2009): Resilienz. Ernst Reinhardt, München.

Erich Fromm (1979): Haben oder Sein. Die seelischen Grundlagen einer neuen Gesellschaft. dtv, München.

Gerd Gigerenzer (2008): Bauchentscheidungen. Die Intelligenz des Unbewussten und die Macht der Intuition. 12. Auflage. Wilhelm Goldmann, München.

Gerd Gigerenzer (2013): Risiko. Wie man die richtigen Entscheidungen trifft. 6. Auflage. C. Bertelsmann, München.

E. Bruce Goldstein (2014): Wahrnehmungspsychologie. Der Grundkurs. Springer, Berlin.

Daniel Goleman (1997): EQ. Emotionale Intelligenz. dtv, München.

Daniel Goleman (2003): Emotionale Führung. Durch emotionale Intelligenz erfolgreich in Führungspositionen sein. Ullstein, Berlin.

Klaus Grawe (2000): Psychologische Therapie. Hogrefe, Göttingen.

Thomas A. Harris (2016): Ich bin o.k. Du bist o.k. Rowohlt, Hamburg.

Jutta Heckhausen, Heinz Heckhausen (2010): Motivation und Handeln. Springer, Berlin.

Monika Hein (2018): Empathie. Ich weiß, was du fühlst. Gabal, Offenbach am Main.

Ulrich Herrmann (Hrsg.) (2020): Neurodidaktik. Grundlagen für eine Neuropsychologie des Lernens. 3. Auflage, Beltz, Weinheim.

Hannes Horngacher (2019): Neuroleading. Praktische Tipps zum gehirngerechten Führen von Teams und Menschen. 2. Auflage, FQL Publishing, München.

Gerald Hüther (2011): Bedienungsanleitung für ein menschliches Gehirn. Vandenhoeck & Ruprecht, Göttingen.

Gerald Hüther (2011): Biologie der Angst. Vandenhoeck & Ruprecht, Göttingen.

Gerald Hüther (2011): Was wir sind und was wir sein könnten. Ein neurobiologischer Mutmacher. Fischer, Frankfurt am Main.

Gerald Hüther, Wolfgang Roth, Michael von Brück (2010): Damit das Denken Sinn bekommt. Spiritualität, Vernunft und Selbsterkenntnis. Mit Texten des Dalai Lama. Herder, Freiburg im Breisgau.

Heinz Jiranek, Chris Wolf (2014): Feedback. Nur was erreicht, kann auch bewegen. BusinessVillage, Göttingen.

Olaf Kortmann (2019): In 30 Minuten wissen Sie mehr! Transformationales Führen. Gabal, Offenbach am Main.

Julius Kuhl (2009): Lehrbuch der Persönlichkeitspsychologie. Hogrefe, Göttingen.

Marc Löffler (2022): Die Scrum Master Journey. So bringst du dein agiles Team auf die nächste Stufe. BusinessVillage, Göttingen.

Fredmund Malik (2001): Führen. Leisten. Leben. Wirksames Management für eine neue Zeit. Heyne, München.

Denis Mourlane (2012): Resilienz. Die unentdeckte Fähigkeit der wirklich Erfolgreichen. 12. Auflage, BusinessVillage, Göttingen.

Franca Parianen (2017): Woher soll ich wissen, was ich denke, bevor ich höre, was ich sage? Die Hirnforschung entdeckt die großen Fragen des Zusammenlebens. Rowohlt, Hamburg.

Theo Peters, Argang Ghadiri (2014): Neuroleadership. Grundlagen, Konzepte, Beispiele. Erkenntnisse der Neurowissenschaften für die Mitarbeiterführung. Springer-Gabler, Wiesbaden.

Hilarion G. Petzold (2012): Identität. Ein Kernthema moderner Psychotherapie. VS Verlag für Sozialwissenschaften, Heidelberg.

Stefanie Puckett (2020): Der Code agiler Organisationen. Das Playbook für den Wandel zur agilen Organisationskultur. BusinessVillage, Göttingen.

Josef Rattner (2000): Alfred Adler. Der Mensch und seine Lehre. Rowohlt, Hamburg.

Rüdiger Reinhardt (2014): Neuroleadership. Empirische Überprüfung und Nutzenpotentiale für die Praxis. de Gruyter, Berlin.

Lothar Schmidt-Atzert, Martin Peper, Gerhard Stemmler (2014): Emotionspsychologie. Kohlhammer, Stuttgart.

Mina Schneider-Landolf, Jochen Spielmann, Walter Zitterbarth (Hrsg.) (2010): Handbuch Themenzentrierte Interaktion (TZI). Vandenhoeck & Ruprecht, Göttingen.

Silke Sichart, Jörg Preußig (2019): Agil führen. Neue Methoden für moderne Führungskräfte. Haufe, Freiburg im Breisgau.

Sandra Sieroux, Stefan Roock, Henning Wolf (2020): Agile Leadership. Führungsmodelle, Führungsstile und das richtige Handwerkszeug für die agile Arbeitswelt. dpunkt, Heidelberg.

Manfred Spitzer, Norbert Herschkowitz (2020): Wie wir denken und lernen. Ein faszinierender Einblick in das Gehirn von Erwachsenen. mvg, München.

Reinhard K. Sprenger (1998): Das Prinzip Selbstverantwortung. Wege zur Motivation. Campus, Frankfurt am Main.

Chade-Meng Tan (2012): Search Inside Yourself. Goldmann, München.

Kim-Oliver Tietze, Friedemann Schulz von Thun (Hrsg.) (2003): Kollegiale Beratung. Problemlösungen gemeinsam entwickeln. Rowohlt, Hamburg.